GUANGDONG PROVINCE WATER RESOURCES BULLETIN

广东省水资源公报

2024

（第二十八期）

广东省水利厅　编

中国水利水电出版社
www.waterpub.com.cn
·北京·

图书在版编目（CIP）数据

广东省水资源公报. 2024 / 广东省水利厅编. 北京 : 中国水利水电出版社, 2025. 6. -- ISBN 978-7-5226-3425-8

Ⅰ. TV211

中国国家版本馆CIP数据核字第2025SZ5534号

审图号：粤S（2025）016号

书　　名	广东省水资源公报 2024 GUANGDONG SHENG SHUIZIYUAN GONGBAO 2024
作　　者	广东省水利厅　编
出版发行	中国水利水电出版社 （北京市海淀区玉渊潭南路1号D座　100038） 网址：www.waterpub.com.cn E-mail：sales@mwr.gov.cn 电话：（010）68545888（营销中心）
经　　售	北京科水图书销售有限公司 电话：（010）68545874、63202643 全国各地新华书店和相关出版物销售网点
排　　版	中国水利水电出版社装帧出版部
印　　刷	北京印匠彩色印刷有限公司
规　　格	210mm×285mm　16开本　2.5印张　60千字
版　　次	2025年6月第1版　2025年6月第1次印刷
定　　价	48.00元

编写说明

1. 范围及分区

（1）《广东省水资源公报2024》（以下简称《公报》）按行政分区和流域分区分别统计分析2024年度广东省水资源及其开发利用情况。行政分区按广州、深圳、珠海、汕头、佛山、韶关、河源、梅州、惠州、汕尾、东莞、中山、江门、阳江、湛江、茂名、肇庆、清远、潮州、揭阳、云浮共21个地级及地级以上市统计。流域分区按珠江区的东江、西江、北江、珠江三角洲、韩江、粤东诸河、粤西诸河7个分区，以及长江区的湘江和赣江2个分区，共9个流域分区统计。

（2）《公报》中大湾区指粤港澳大湾区广东省的9市，包括广州、深圳、珠海、佛山、惠州、东莞、中山、江门、肇庆。

2. 术语定义

（1）降水量：大气中的水汽凝结后，在一定时段内降落到地面的水量。

（2）地表水资源量：河流、湖泊等地表水体逐年更新的动态水量，即当地天然河川径流量，也可以用地表水资源量与计算面积的比值（即径流深）来表示。

（3）地下水资源量：地下饱和含水层逐年更新的动态水量，即降水和地表水入渗对地下水的补给量。

（4）地下水与地表水资源不重复量：地下水的降水入渗补给量扣除降水入渗补给形成的河道排泄量。

（5）水资源总量：当地降水形成的地表和地下产水总量，即地表径流量与降水入渗补给量之和。

（6）供水量：各种水源提供的包括输水损失在内的水量之和，包括地表水源、地下水源和非常规水源的供水量。地表水源供水量指地表水工程的取水量，按蓄水工程、引水工程、提水工程、调水工程四种形式统计，其中，调水工程仅统计跨9个流域分区之间调水且在当年利用的水量；地下水源供水量指水井工程的开采量，按浅层和深层分别统计；非常规水源指经处理后可以利用或在一定条件下可直接利用的再生水、集蓄雨水、淡化海水、微咸水和矿坑（井）水等。海水直接利用量单独统计，不计入供水总量，主要统计以海水为原水，直接替代淡水作为直流火核电冷却等用途的水量。

（7）用水量：各类河道外用水户取用的包括输水损失在内的毛用水量之和，按生活用水、工业用水、农业用水和人工生态环境补水四大类用户统计，不包括海水直接利用量以及水力发电、航运等河道内用水量。生活用水包括居民生活用水和公共设施用水（含第三产业及建筑业等用水）；工业用水指工矿企业用于生产活动的水量，包括主要生产用水、辅助生产用水（如机修、运输、空压站等）和附属生产用水（如绿化、办公室、浴室、食堂、厕所、保健站等），按新水取用量计，不包括企业内部的重复利用水量；农业用水包括耕地和林地、园地、牧草地灌溉用水，鱼塘补水及畜禽用水；人工生态环境补水包括城乡环境用水以及具有人工补水工程和明确补水目标的河湖、湿地补水等，不包括降水、径流自然满足的水量。

（8）用水消耗量：在输水、用水过程中，通过蒸腾蒸发、土壤吸收、产品吸附、居民和牲畜饮用等多种途径消耗掉，而不能回归到地表水体和地下含水层的水量。

（9）流域水资源开发利用率：根据流域供水量，考虑跨流域调水（包括对港澳供水）的影响（即调出水量计入流域供水量，调入水量不计入流域供水量），以流域供水总量占多年平均水资源总量（不含入境水量）的百分比体现流域水资源开发利用程度。

3.指标解释

（1）年降水量距平是当年年降水量与多年平均年降水量之差除以多年平均年降水量的百分比。

（2）产水系数是水资源总量与降水量的比值。

（3）产水模数是水资源总量与计算面积的比值。

（4）耗水率是用水消耗量占用水量的百分比。

（5）人均综合用水量是用水总量与常住人口的比值。

（6）万元地区生产总值用水量是用水总量与地区生产总值的比值。

（7）万元工业增加值用水量是工业用水量与工业增加值的比值。

（8）人均生活用水量是生活用水量与常住人口的比值。

（9）人均居民生活用水量是居民生活用水量与常住人口的比值。

（10）耕地实际灌溉亩均用水量是耕地灌溉用水量与耕地实际灌溉面积的比值。

（11）农田灌溉水有效利用系数是灌入田间蓄积于土壤根系层中可供作物利用的水量与灌溉毛用水量的比值。

4.数据说明

（1）《公报》中多年平均值统一采用1956—2016年水文系列平均值（来源于广东省第三次水资源调查评价成果）。

（2）平均年降水量依据广东省水文局1284个雨量站观测资料分析计算。

（3）水资源状况依据广东省水文局80处江河水文站和214个地下水监测站（含自然资源部门的111个监测站）的观测资料进行评价。

（4）地下水年末水位（埋深）为当年最后一日水位值，平原区地下水水位（埋深）空间分布依据地下水水位监测站点数据，采用克里金插值法计算。地下水水位动态按照当年年末与上年同期地下水埋深的差值＜-0.5m、-0.5m（含）～0.5m（含）、＞0.5m分为下降区、相对稳定区、上升区。水位监测数据来源于广东省水利部门和自然资源部门。

（5）水资源开发利用状况依据广东省5352户用水统计调查对象直报水量，以及各地市、县区水利（水务）局和省直有关部门相关统计数据进行核算。

（6）《公报》分析采用的经济社会指标主要来源于广东省统计局、国家统计局广东调查总队和广东省农业农村厅。

（7）《公报》部分数据合计数由于单位取舍不同而产生的计算误差，未作调整。

目 录

contents

一、概述

2024 年，广东省降水量和水资源量比多年平均值偏多，但时空分布不均匀。供水总量和用水总量比 2023 年增加，但用水效率持续提升，用水结构不断优化。

2024 年，广东省平均年降水量 2190.8mm，比 2023 年增加 15.8%，比多年平均值偏多 22.6%。水资源总量 2349.1 亿 m^3，比 2023 年增加 20.1%，比多年平均值偏多 27.5%。其中，地表水资源量 2339.4 亿 m^3，比 2023 年增加 20.2%，比多年平均值偏多 27.6%；地下水资源量 555.7 亿 m^3，比 2023 年增加 15.1%，比多年平均值偏多 23.6%。大中型水库年末蓄水总量 202.1 亿 m^3，比年初增加 3.5 亿 m^3。

2024 年，广东省供水总量和用水总量均为 411.3 亿 m^3，较 2023 年增加 10.9 亿 m^3。按供水水源统计，地表水源供水量 379.4 亿 m^3，占供水总量的 92.3%；地下水源供水量 5.4 亿 m^3，占供水总量的 1.3%；非常规水源供水量 26.5 亿 m^3，占供水总量的 6.4%。按用水结构统计，农业用水量 194.8 亿 m^3，占用水总量的 47.4%；生活用水量 117.1 亿 m^3，占用水总量的 28.5%；工业用水量 73.0 亿 m^3，占用水总量的 17.7%；人工生态环境补水量 26.4 亿 m^3，占用水总量的 6.4%。

2024 年，广东省人均综合用水量 323m^3，万元地区生产总值用水量 29.0m^3，万元工业增加值用水量 15.3m^3，人均生活用水量 252L/d，耕地实际灌溉亩均用水量 711m^3，农田灌溉水有效利用系数 0.538。

二、水资源量

（一）降水量

2024 年，广东省平均年降水量 2190.8mm，折合年降水总量 3890.4 亿 m^3，比 2023 年增加 15.8%，比多年平均值偏多 22.6%，属丰水年；大湾区平均年降水量 2211.9mm，折合年降水总量 1200.5 亿 m^3，比 2023 年增加 23.3%，比多年平均值偏多 21.6%。

1. 行政分区情况

与 2023 年比，江门、珠海、云浮、湛江、阳江、茂名市降水量减少 1.7% ～ 26.5%，其中茂名降幅最大；其余地区降水量增加 10.0% ～ 58.1%，其中惠州增幅最大。与多年平均值比，茂名市降水量偏少 4.6%，珠海市接近多年平均值，其余地区偏多 5.0% ～ 37.3%，其中河源增幅最大。2024 年广东省行政分区降水量与 2023 年及多年平均值比较见表 1 和图 1。

2. 流域分区情况

与 2023 年比，粤西诸河、西江流域降水量分别减少 17.9%、1.1%，其余流域增大 11.0% ～ 46.9%，其中东江流域增幅最大。与多年平均值比，各流域偏多 4.6% ～ 34.9%，其中东江流域增幅最大。2024 年广东省流域分区降水量与 2023 年及多年平均值比较见表 2 和图 2。

表 1　2024 年广东省行政分区降水量与 2023 年及多年平均值比较

行政分区	降水量 /mm	与 2023 年比较 /%	与多年平均值比较 /%
广州	2409.6	37.6	29.0
深圳	2442.0	25.7	24.5
珠海	2018.5	−2.7	−0.07
汕头	1757.6	18.3	11.4
佛山	1883.7	11.5	19.3
韶关	2318.6	23.7	35.4
河源	2329.1	45.0	37.3
梅州	2107.6	26.9	29.7
惠州	2524.6	58.1	33.8
汕尾	2609.1	31.3	23.7
东莞	2194.7	23.7	30.5
中山	2064.0	10.0	16.5
江门	2188.7	−1.7	8.1
阳江	2384.0	−19.0	5.6
湛江	1784.1	−10.7	15.1
茂名	1752.8	−26.5	−4.6
肇庆	1980.8	19.0	19.0
清远	2605.4	30.4	35.7
潮州	2074.3	27.1	18.4
揭阳	2250.5	25.8	14.1
云浮	1596.1	−5.6	5.0
全省	2190.8	15.8	22.6
其中：大湾区	2211.9	23.3	21.6

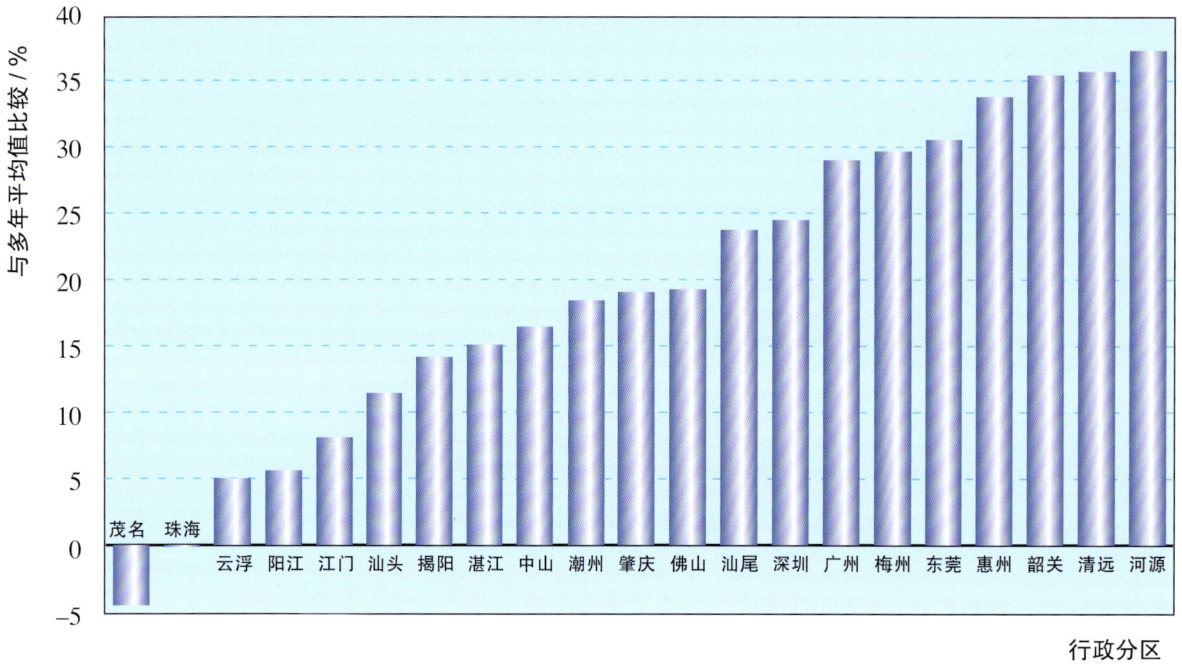

图 1　2024 年广东省行政分区降水量与多年平均值比较图

表 2　2024 年广东省流域分区降水量与 2023 年及多年平均值比较

流域分区	降水量 /mm	与 2023 年比较 /%	与多年平均值比较 /%
西江	1674.8	−1.1	4.6
北江	2434.8	27.2	34.7
东江	2363.5	46.9	34.9
珠江三角洲	2256.7	21.3	21.3
韩江	2067.1	27.7	28.4
粤东诸河	2342.6	28.9	20.2
粤西诸河	1971.5	−17.9	6.2
湘江	2320.0	12.5	31.9
赣江	1775.8	11.0	22.6
全省	2190.8	15.8	22.6

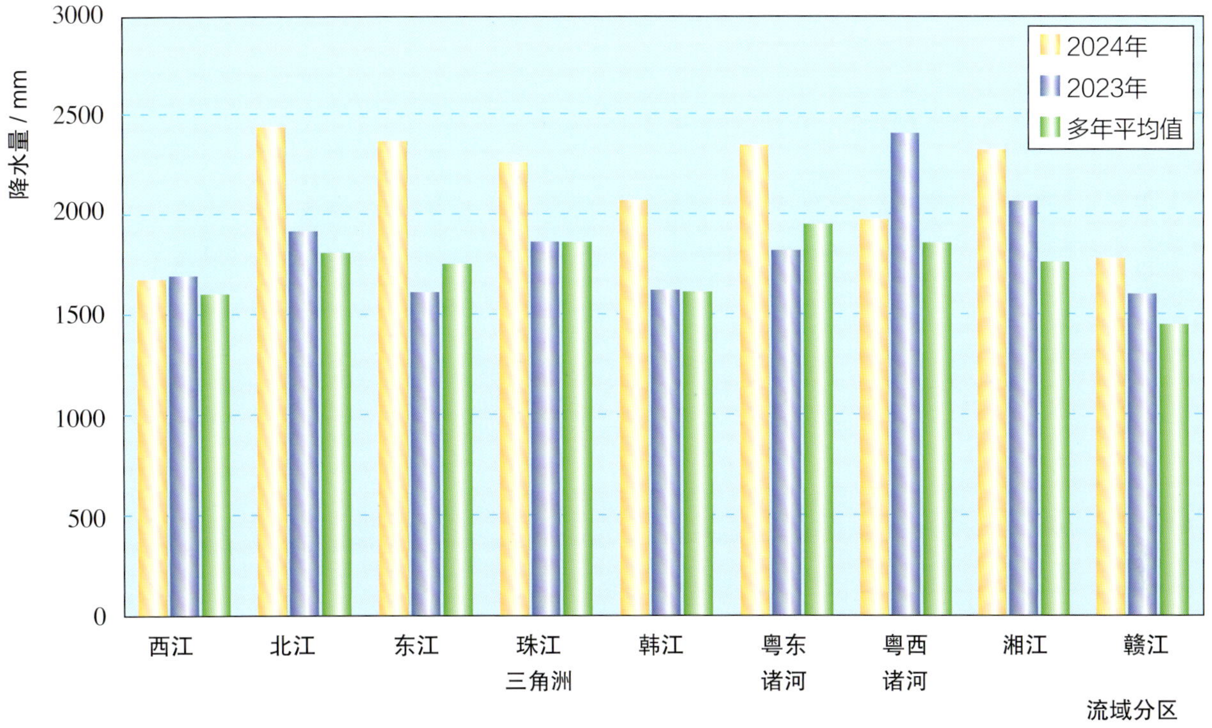

图 2　2024 年广东省流域分区降水量与 2023 年及多年平均值比较图

3. 降水特点

2024 年，广东省暴雨洪水频发、洪涝灾害严重，四大主要江河累计发生 13 次编号洪水，是有编号洪水统计以来最多的一年，其中北江发生 100 年一遇洪水，东江发生近十年来最大洪水，西江发生 10 年一遇洪水；全省累计有 109 条河流 149 个站点发生 372 站次超警洪水，韩江石窟河、松源河等多条支流发生超历史实测最大洪水。

从时间分布看：年内降水分配极不均匀。汛期（4—9 月）降水量为 1948.3mm，比多年平均值偏多 37.9%，占全年降水总量的 88.9%。前汛期（4—6 月）降水量为 1161.8mm，比多年平均值偏多 50.1%；后汛期（7—9 月）降水量为 786.5mm，比多年平均值偏多 23.1%。非汛期降水量为 242.5mm，比多年平均值偏少 30.6%。连续最大四个月（4—7 月）降水量为 1452.6mm，占全年降水总量的 66.3%。与同期多年平均值比，1—3 月降水量偏少 33.0%，4 月偏多 150.6%，10—12 月偏少 26.4%。2024 年广东省雨量代表站月降水量与同期多年平均值比较见图 3。

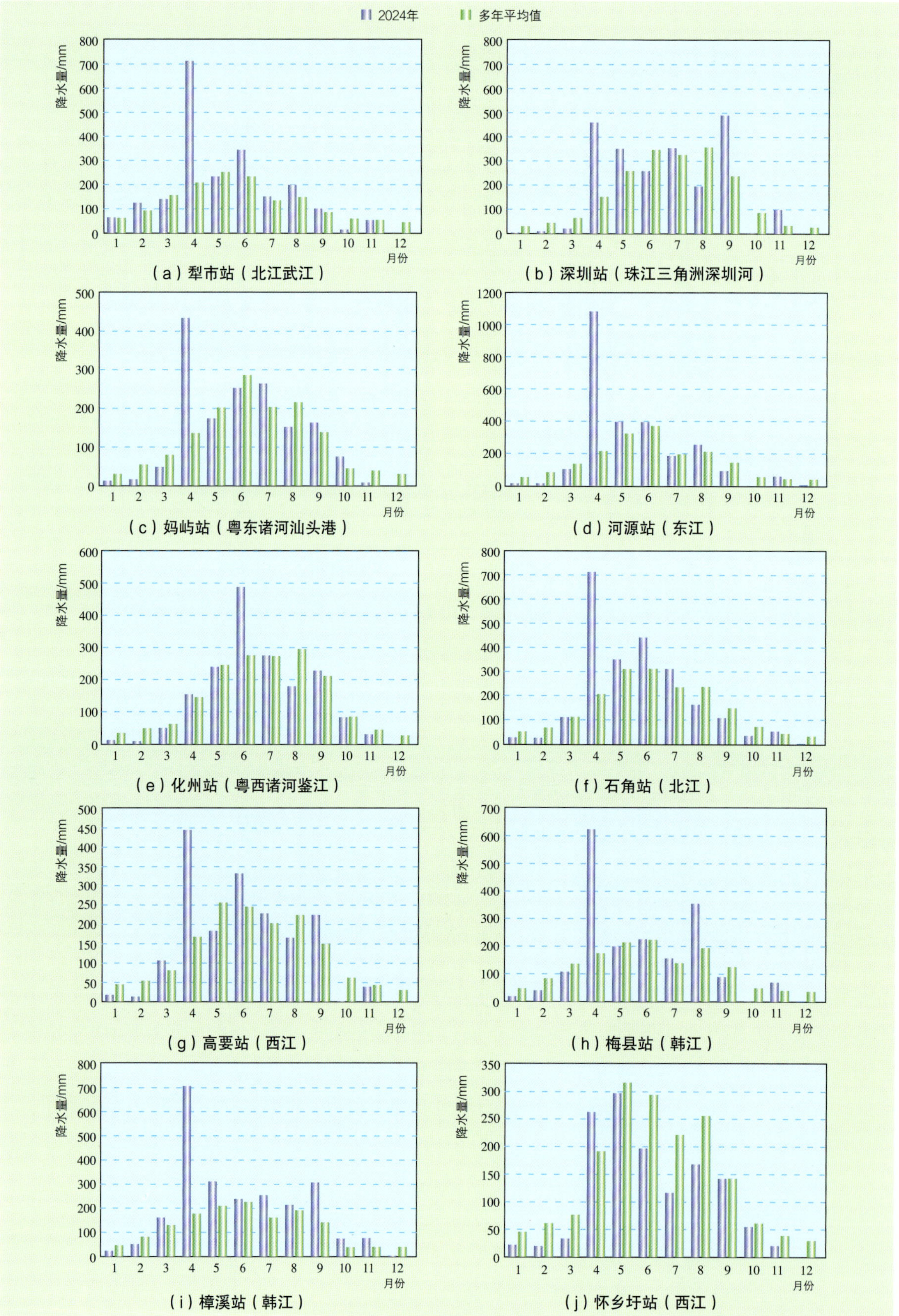

图 3　2024 年广东省雨量代表站月降水量与同期多年平均值比较图

从地域分布看：东江三角洲平均年降水量最大，为 2603.7mm；黔浔江及西江（梧州以下）平均年降水量最小，为 1634.8mm，其余流域平均年降水量在 1775 ~ 2540mm 之间。年降水最大点为惠州市龙门县天堂山水库站，达 3762.5mm；年降水最小点为云浮市罗定市花坪站，为 1150.5mm，两者比值为 3.3。年降水量比多年平均值偏多、偏少幅度最大的站点分别为韩江樟溪站（偏多 63.1%）、西江怀乡圩站（偏少 23.1%）。高值区范围为：粤东沿海莲花山脉以南迎风坡，海丰、陆河、揭西一带；粤西沿海云雾山脉东南迎风坡，鹅凰嶂以南的阳西、阳东、恩平、台山一带；东北江中下游四会、英德、佛冈、龙门一带等区域。低值区范围为：肇庆的封开、德庆、高要，云浮的罗定，茂名的高州、信宜，韶关的乐昌、南雄，梅州的梅县，汕头等区域。

1956—2024 年广东省年降水量见图 4。2024 年广东省年降水量等值线见图 5。2024 年广东省年降水量距平见图 6。

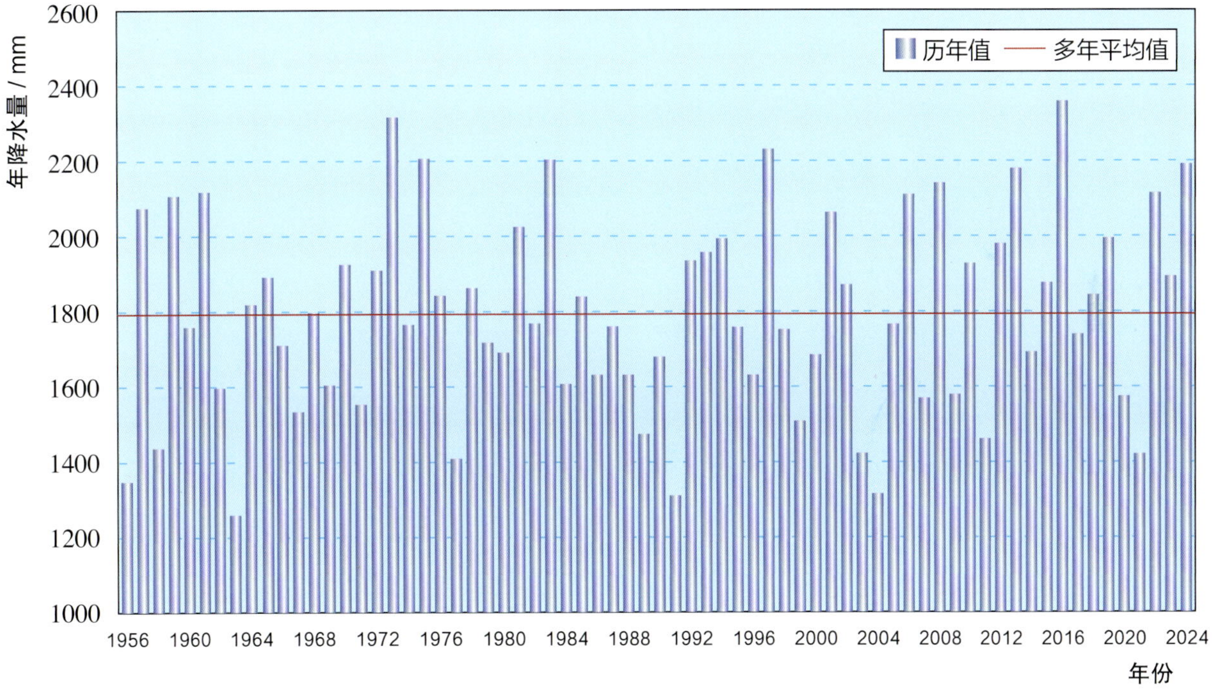

图 4　1956—2024 年广东省年降水量图

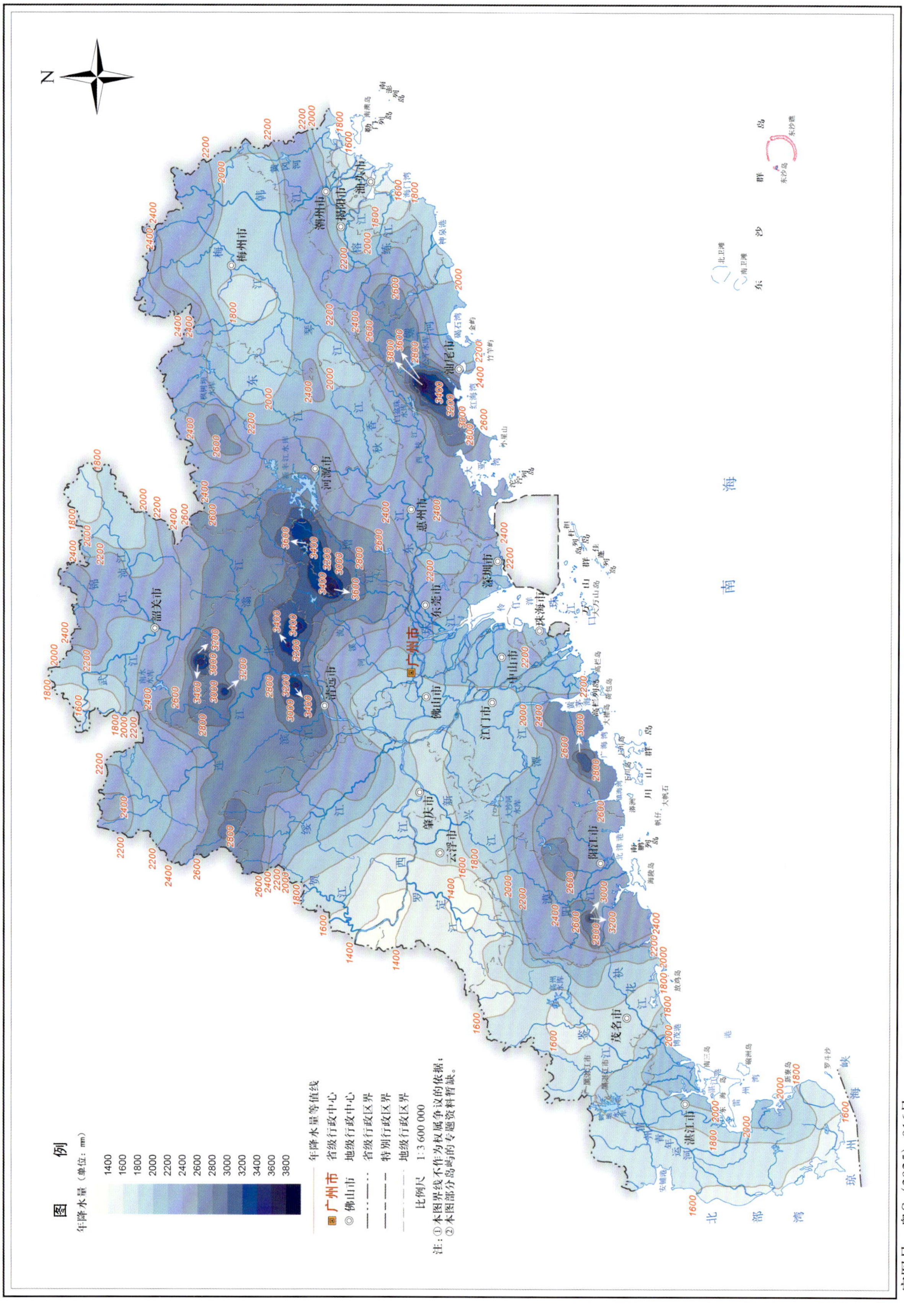

图 5　2024 年广东省年降水量等值线图

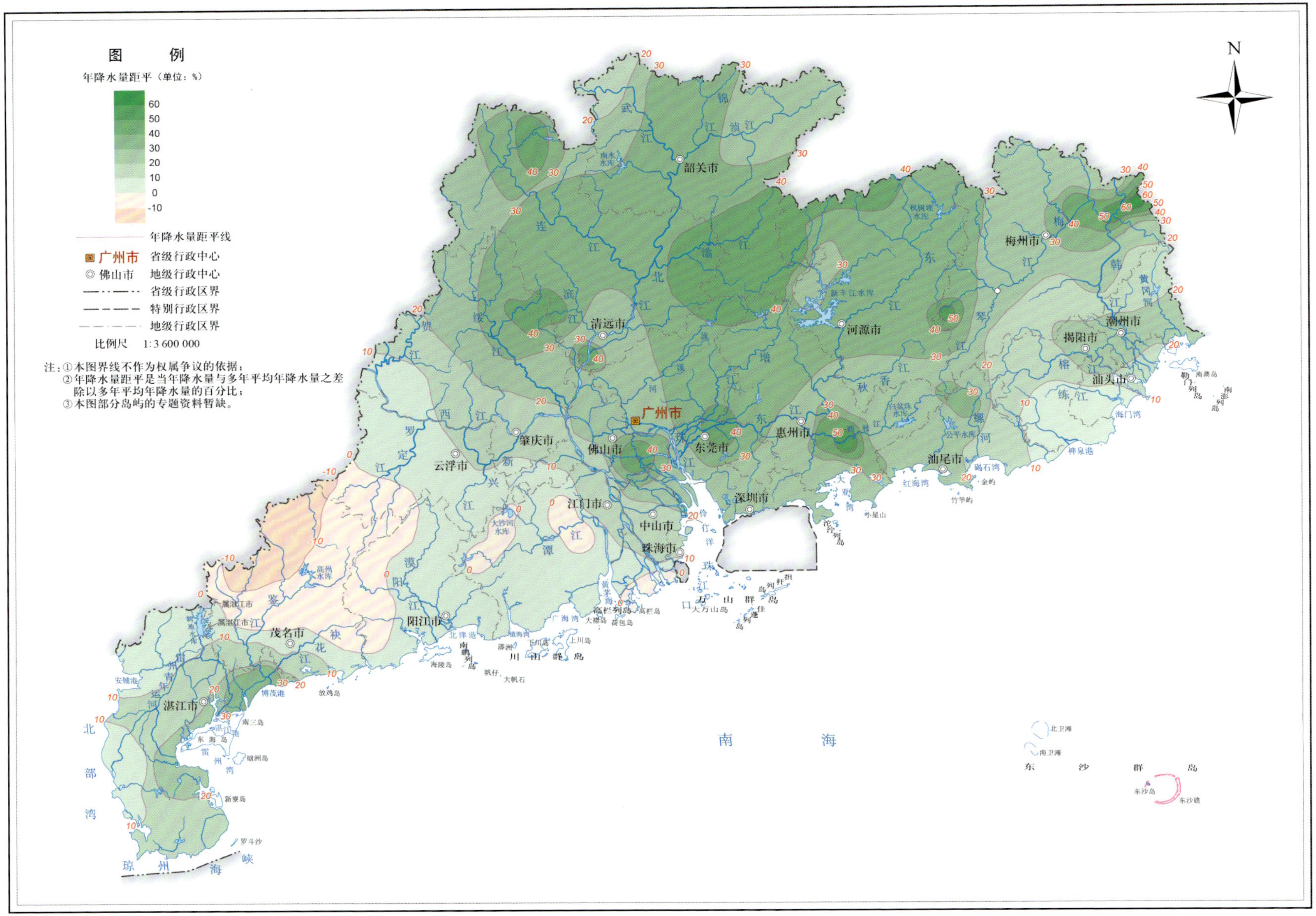

审图号：粤S（2025）016号

图6　2024年广东省年降水量距平图

（二）地表水资源量

2024 年，广东省地表水资源量 2339.4 亿 m^3，折合年径流深 1317.4mm，比 2023 年增加 20.2%，比多年平均值偏多 27.6%。大湾区地表水资源量 748.6 亿 m^3，比 2023 年增加 32.3%，比多年平均值偏多 30.1%。

1. 行政分区情况

与 2023 年比，珠海、江门、云浮、湛江、阳江、茂名市地表水资源量减少 0.4% ~ 32.5%，其余地区增加 11.7% ~ 79.9%，其中惠州增幅最大。与多年平均值比，茂名市偏少 9.0%，珠海市接近多年平均值，其余地区偏多 0.4% ~ 54.3%，其中广州增幅最大。2024 年广东省行政分区地表水资源量与多年平均值比较见图 7。

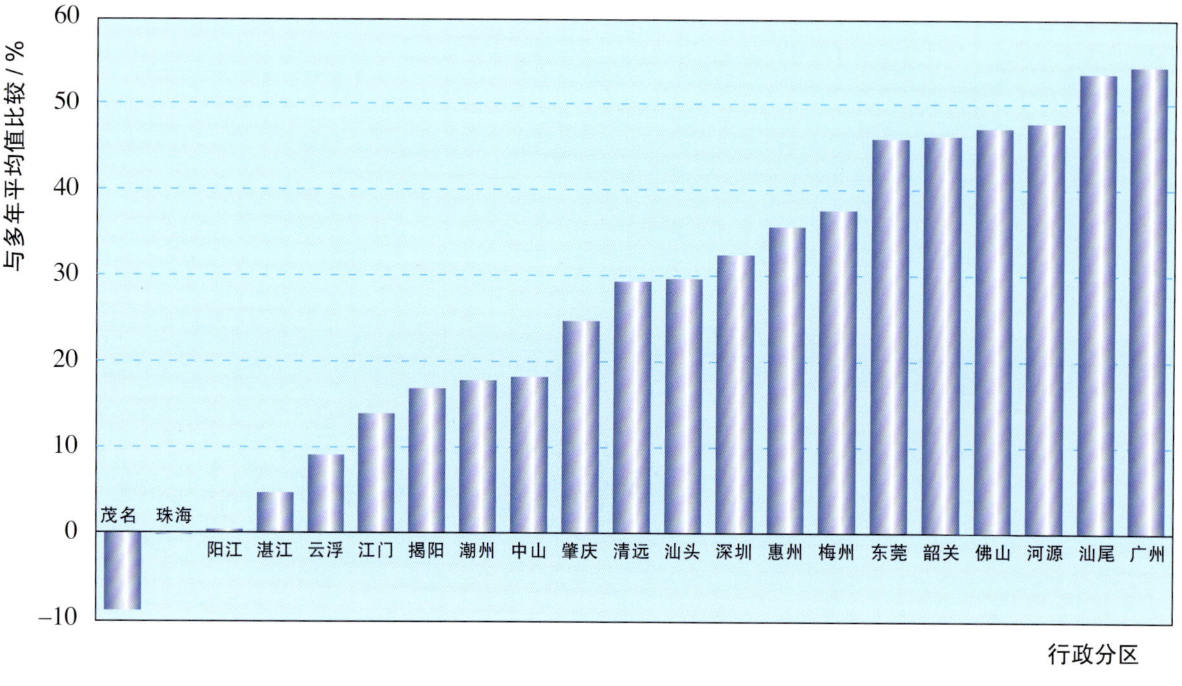

图 7　2024 年广东省行政分区地表水资源量与多年平均值比较图

2. 流域分区情况

与 2023 年比，粤西诸河、西江地表水资源量分别减少 26.7%、1.7%，其余流域增加 28.2% ~ 65.2%，其中东江增幅最大。与多年平均值比，粤西诸河与多年平均值接近，其余流域偏多 5.3% ~ 61.3%，其中湘江增幅最大。2024 年广东省流域分区地表水资源量与 2023 年及多年平均值比较见表 3。2024 年广东省流域分区径流深与 2023 年及多年平均值比较见图 8。

表 3　2024 年广东省流域分区地表水资源量与 2023 年及多年平均值比较

流域分区	地表水资源量 / 亿 m^3	与 2023 年比较 /%	与多年平均值比较 /%
西江	163.4	−1.7	5.3
北江	659.0	28.2	36.8
东江	344.0	65.2	41.9
珠江三角洲	382.5	33.1	35.2
韩江	217.4	36.9	35.0
粤东诸河	241.3	48.9	33.5
粤西诸河	327.3	−26.7	0.1
湘江	1.5	52.1	61.3
赣江	3.0	33.0	52.9
全省	2339.4	20.2	27.6

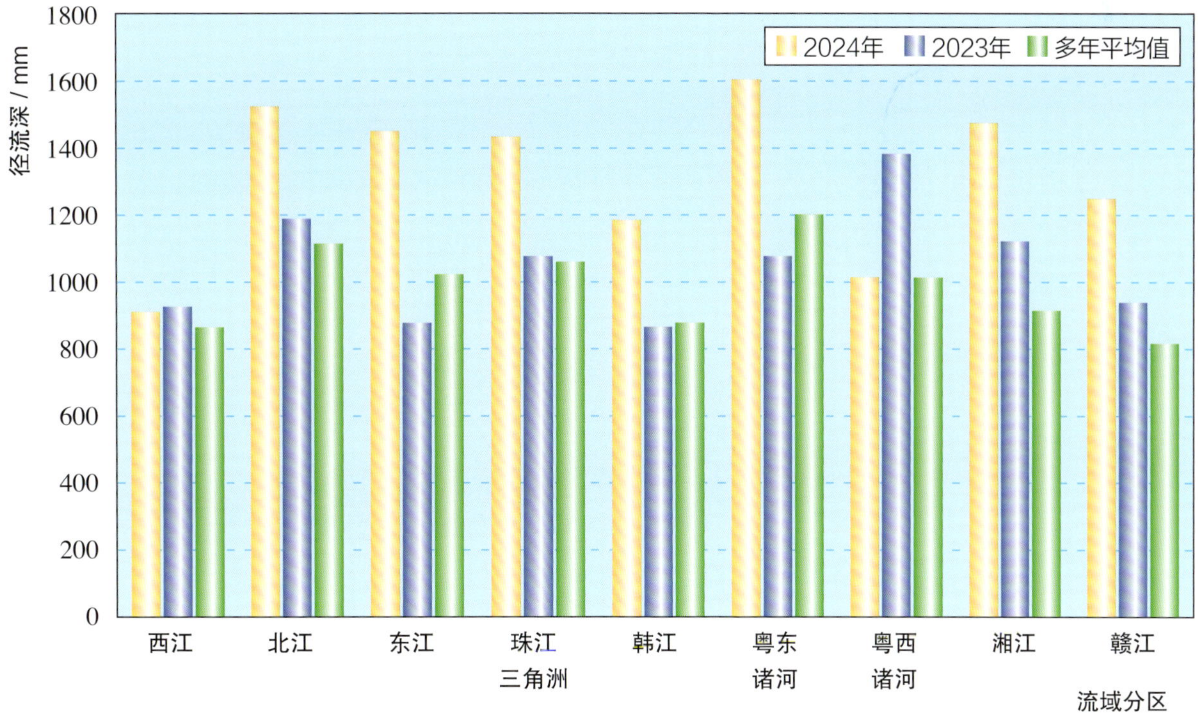

图 8　2024 年广东省流域分区径流深与 2023 年及多年平均值比较图

3. 地表水资源特点

广东省河川径流基本由降水补给，径流与降水的分布规律总体一致，呈时空分布极不均匀的特点。广东省大部分水文站连续最大四个月河川径流量占全年河川径流量的 55% ～ 75%，汛期（4—9 月）径流量占全年的 70% ～ 90%。2024 年广东省主要江河代表水文站实测月径流量与同期多年平均值比较见图 9。

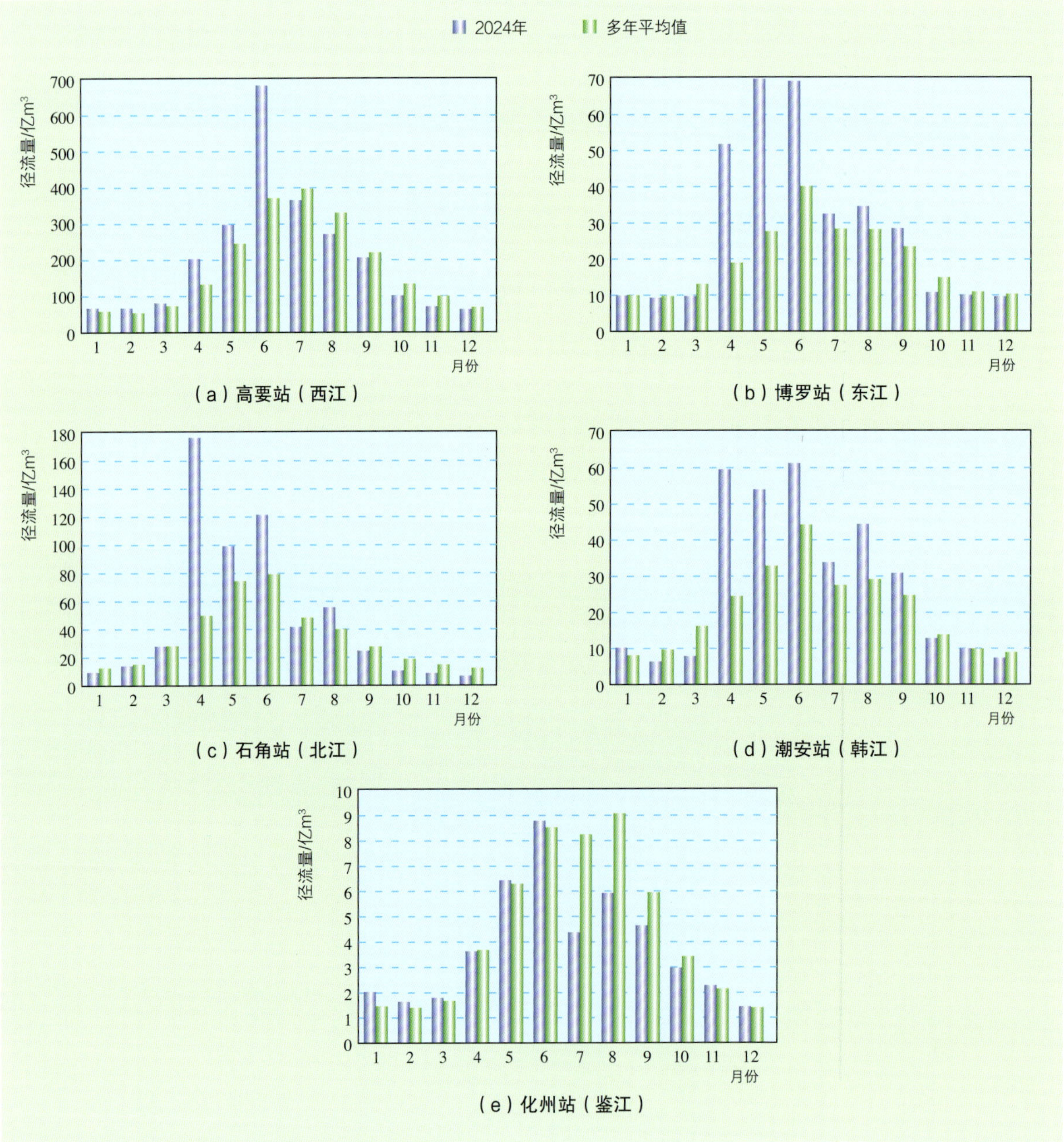

图 9　2024 年广东省主要江河代表水文站实测月径流量与同期多年平均值比较图

4. 出入省境和入海水量

2024 年，从邻省流入广东省的总入境水量 2681.1 亿 m^3，其中从广西壮族自治区流入 2455.0 亿 m^3，其余从湖南省、江西省和福建省流入。从广东省流入邻近省份的水量 26.5 亿 m^3，其中流入广西壮族自治区 22.1 亿 m^3，其余流入湖南省和江西省。广东省入海水量 4824.5 亿 m^3，其中从珠江八大口门入海 3947.4 亿 m^3，其余从韩江、粤东诸河和粤西诸河入海。与 2023 年比，入省境水量增加 95.9%，出省境水量减少 4.1%，入海水量增加 55.0%。与多年平均值比，入省境水量偏多 15.0%，出省境水量偏多 9.3%，入海水量偏多 21.0%，其中经西江从广西壮族自治区入境水量偏多 14.5%，从珠江八大口门入海水量偏多 22.1%。2024 年广东省出入省境和入海水量见图 10。

（三）地下水资源量

2024 年，广东省地下水资源量 555.7 亿 m^3，比 2023 年增加 15.1%，比多年平均值偏多 23.6%。其中，平原区地下水资源量 50.5 亿 m^3，山丘区地下水资源量 507.4 亿 m^3，山丘区与平原区之间的重复计算量 2.2 亿 m^3。在平原区中，雷州半岛、珠江三角洲和潮汕平原等三大平原区地下水资源量分别为 22.7 亿 m^3、20.6 亿 m^3 和 7.2 亿 m^3。大湾区地下水资源量 171.0 亿 m^3，比 2023 年增加 28.9%，比多年平均值偏多 10.3%。2024 年广东省地下水资源量分布见图 11。

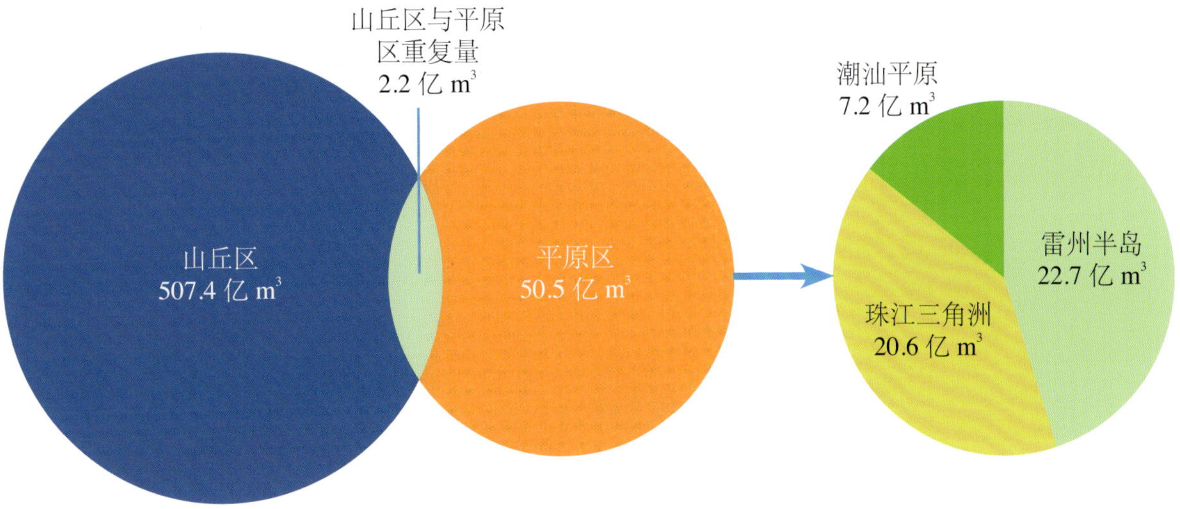

图 11　2024 年广东省地下水资源量分布图

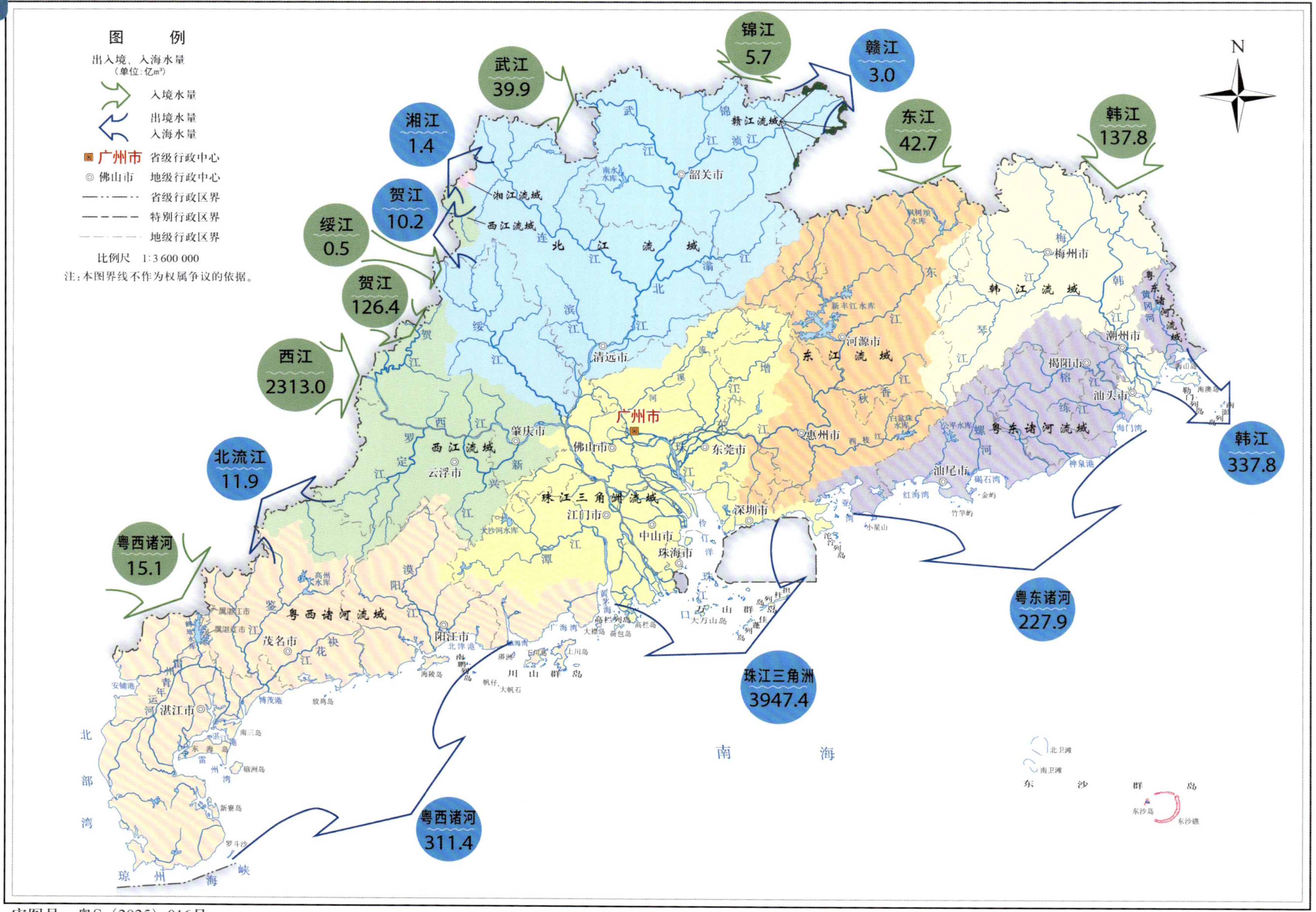

审图号：粤S（2025）016号

图 10　2024 年广东省出入省境和入海水量示意图

（四）水资源总量

2024 年，广东省水资源总量 2349.1 亿 m^3，比 2023 年增加 20.1%，比多年平均值偏多 27.5%。其中，大湾区水资源总量 753.1 亿 m^3，比 2023 年增加 32.0%，比多年平均值偏多 29.9%。广东省水资源总量占降水总量的 60.4%，产水模数为 132.3 万 m^3/km^2。

1. 行政分区情况

与 2023 年比，珠海、江门、云浮、湛江、阳江、茂名市水资源总量减少 0.4% ~ 32.5%，其余地区增加 11.6% ~ 79.7%，其中惠州增幅最大。与多年平均值比，茂名水资源总量偏少 9.0%，珠海接近多年平均值，其余地区偏多 0.4% ~ 53.9%，其中广州增幅最大。2024 年广东省行政分区水资源总量见表 4，与多年平均值比较见图 12。

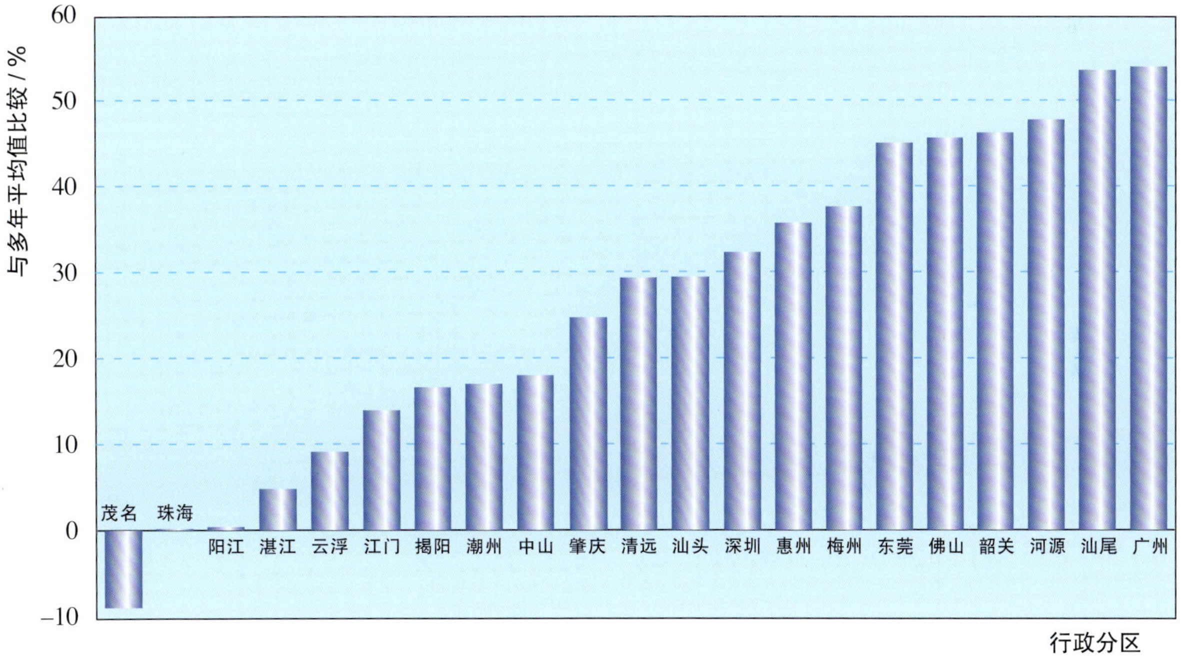

图 12　2024 年广东省行政分区水资源总量与多年平均值比较图

表 4　2024 年广东省行政分区水资源总量

行政分区	降水总量 / 亿 m^3	地表水资源量 / 亿 m^3	地下水资源量 / 亿 m^3	地下水与地表水资源不重复量 / 亿 m^3	水资源总量 / 亿 m^3	与 2023 年比较 /%	与多年平均值比较 /%	产水系数	产水模数 / (万 m^3/km^2)
广州	174.0	115.7	21.6	1.08	116.8	68.7	53.9	0.67	161.7
深圳	56.8	36.2	7.5	0.03	36.2	37.4	32.3	0.64	155.7
珠海	27.6	17.4	2.0	0.51	17.9	−0.4	0.1	0.65	130.9
汕头	37.1	22.8	4.8	1.08	23.9	38.6	29.4	0.64	113.2
佛山	71.8	42.1	9.8	1.15	43.3	28.7	45.6	0.60	113.5
韶关	426.3	267.7	62.1	0	267.7	34.0	46.2	0.63	145.6
河源	364.3	222.4	54.8	0	222.4	65.6	47.7	0.61	142.2
梅州	334.6	195.3	46.9	0	195.3	34.3	37.6	0.58	123.0
惠州	282.1	167.7	41.1	0.16	167.9	79.7	35.7	0.60	150.3
汕尾	113.5	87.4	18.9	0	87.4	73.4	53.5	0.77	200.9
东莞	54.1	33.3	7.6	0.35	33.6	33.7	45.0	0.62	136.5
中山	34.7	20.3	3.0	0.65	20.9	11.6	18.0	0.60	124.7
江门	205.1	136.6	26.2	0.34	137.0	−2.9	13.9	0.67	146.2
阳江	187.5	107.6	22.6	0	107.6	−27.3	0.4	0.57	136.8
湛江	222.5	93.7	29.3	2.3	96.0	−23.1	4.8	0.43	77.0
茂名	198.4	102.4	28.7	0	102.4	−32.5	−9.0	0.52	90.5
肇庆	294.3	179.2	52.2	0.29	179.5	24.0	24.7	0.61	120.8
清远	499.0	309.1	69.1	0.02	309.1	24.1	29.3	0.62	161.4
潮州	64.0	37.5	8.8	0.58	38.1	37.2	17.0	0.59	123.3
揭阳	118.5	76.9	18.3	1.19	78.1	28.0	16.6	0.66	148.3
云浮	124.2	67.9	20.4	0	67.9	−10.6	9.1	0.55	87.2
全省	3890.4	2339.4	555.7	9.7	2349.1	20.1	27.5	0.60	132.3
其中：大湾区	1200.5	748.6	171.0	4.6	753.1	32.0	29.9	0.63	138.8

2. 流域分区情况

与 2023 年比，粤西诸河、西江水资源总量分别减少 26.5%、1.7%，其余流域增加 28.2% ～ 65.1%，其中东江增幅最大。与多年平均值比，粤西诸河与多年平均值接近，其余流域偏多 4.8% ～ 61.3%，其中湘江增幅最大。2024 年广东省流域分区水资源总量见表 5，与 2023 年及多年平均值比较见图 13。

表 5　2024 年广东省流域分区水资源总量

流域分区	降水总量 / 亿 m^3	地表水资源量 / 亿 m^3	地下水资源量 / 亿 m^3	地下水与地表水资源不重复量 / 亿 m^3	水资源总量 / 亿 m^3	与 2023 年比较 /%	与多年平均值比较 /%	产水系数	产水模数 / (万 m^3/km^2)
西江	300.2	163.4	50.6	0.2	163.5	−1.7	4.8	0.54	91.2
北江	1052.8	659.0	154.1	0.1	659.1	28.2	36.8	0.63	152.4
东江	560.5	344.0	89.1	0.1	344.1	65.1	41.6	0.61	145.1
珠江三角洲	602.2	382.5	72.7	4.2	386.8	32.7	35.2	0.64	144.9
韩江	379.4	217.4	51.1	1.1	218.5	36.7	35.7	0.58	119.0
粤东诸河	352.4	241.3	54.9	1.8	243.1	48.3	32.8	0.69	161.6
粤西诸河	636.3	327.3	81.9	2.3	329.6	−26.5	0.2	0.52	102.1
湘江	2.3	1.5	0.37	0	1.5	52.1	61.3	0.64	147.5
赣江	4.3	3.0	0.82	0	3.0	33.0	52.9	0.70	124.9
全省	3890.4	2339.4	555.7	9.7	2349.1	20.1	27.5	0.60	132.3

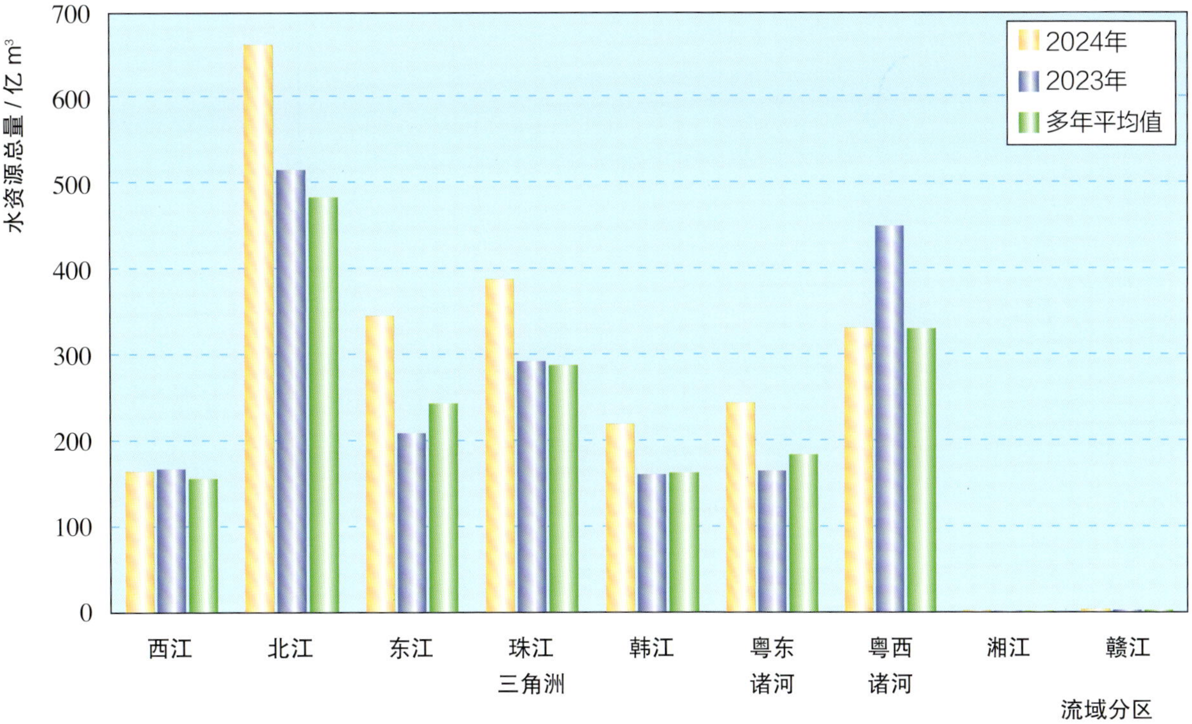

图 13　2024 年广东省流域分区水资源总量与 2023 年及多年平均值比较图

三、蓄水动态

（一）大中型水库蓄水动态

2024 年，广东省统计的 41 座大型水库和 339 座中型水库年末蓄水总量 202.1 亿 m^3，比年初增加 3.5 亿 m^3。其中，大型水库年末蓄水量 161.8 亿 m^3，比年初增加 2.2 亿 m^3；中型水库年末蓄水量 40.2 亿 m^3，比年初增加 1.3 亿 m^3。从行政分区看，河源、惠州等 10 市年末蓄水量比年初增加，湛江等 11 市比年初减少。大湾区年末蓄水量比年初增加 3.6 亿 m^3。从流域分区看，湘江、赣江无大中型水库，西江、北江、粤西诸河年末蓄水量比年初减少 0.2 亿～ 2.7 亿 m^3，其余流域增加 0.6 亿～ 3.7 亿 m^3，其中东江增加最多。2024 年广东省行政分区、流域分区大中型水库蓄水动态分别见图 14、图 15，大型水库年末蓄水量示意见图 16。

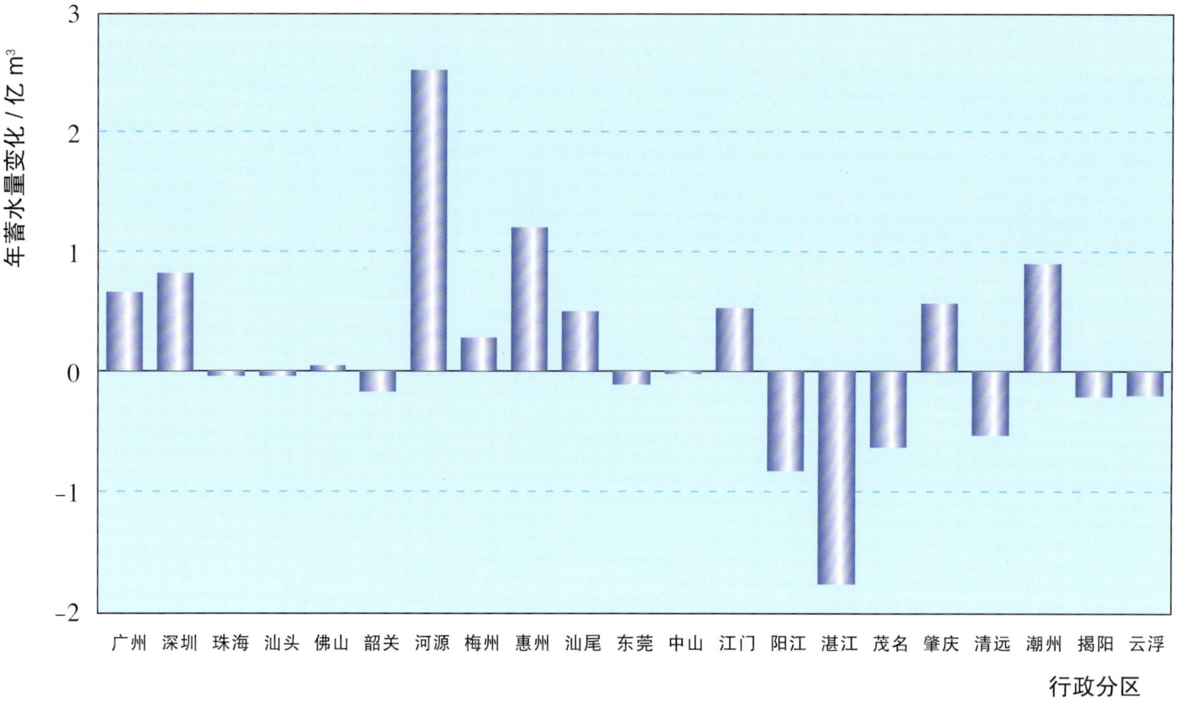

图 14　2024 年广东省行政分区大中型水库年蓄水量变化图

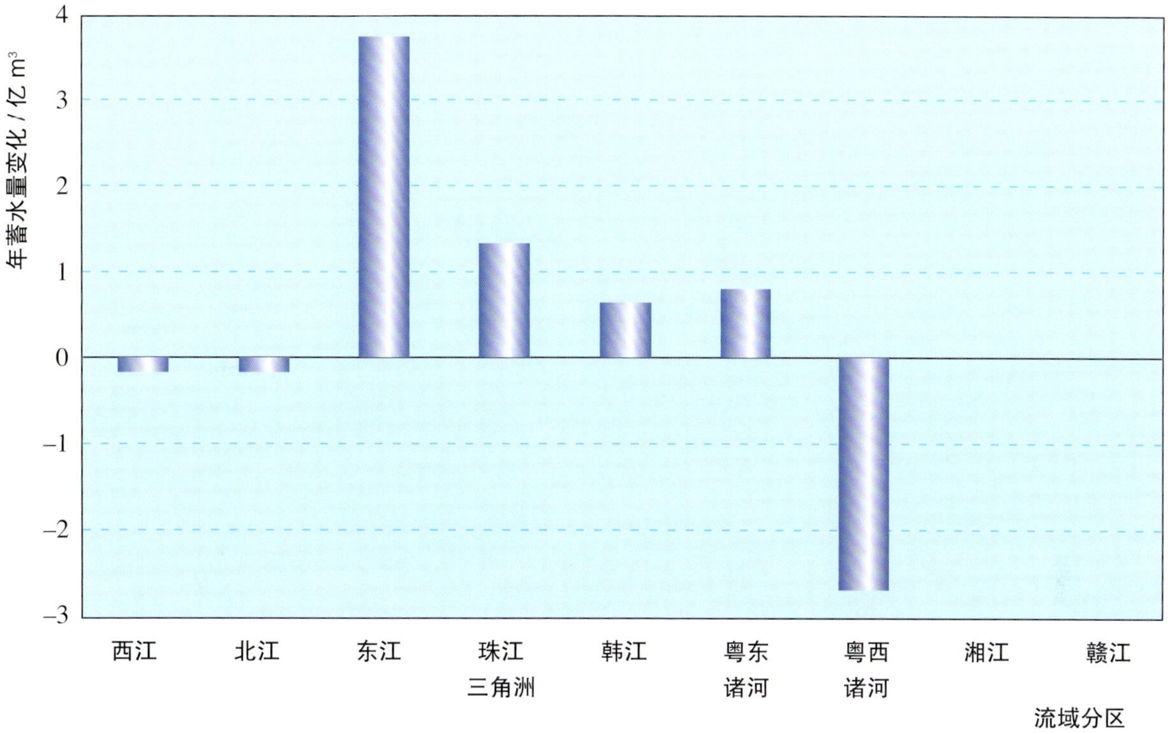

图 15　2024 年广东省流域分区大中型水库年蓄水量变化图

（二）地下水水位动态

2024 年年末，与 2023 年同期相比，广东省三大平原区浅层地下水水位总体保持稳定。其中，珠江三角洲平原区浅层地下水水位上升区、下降区和相对稳定区的面积占比分别为 17.4%、28.6% 和 54.0%；潮汕平原区浅层地下水水位上升区、下降区和相对稳定区的面积占比分别为 26.7%、39.6% 和 33.7%；雷州半岛平原区浅层地下水水位上升区、下降区和相对稳定区的面积占比分别为 22.3%、42.9% 和 34.8%。

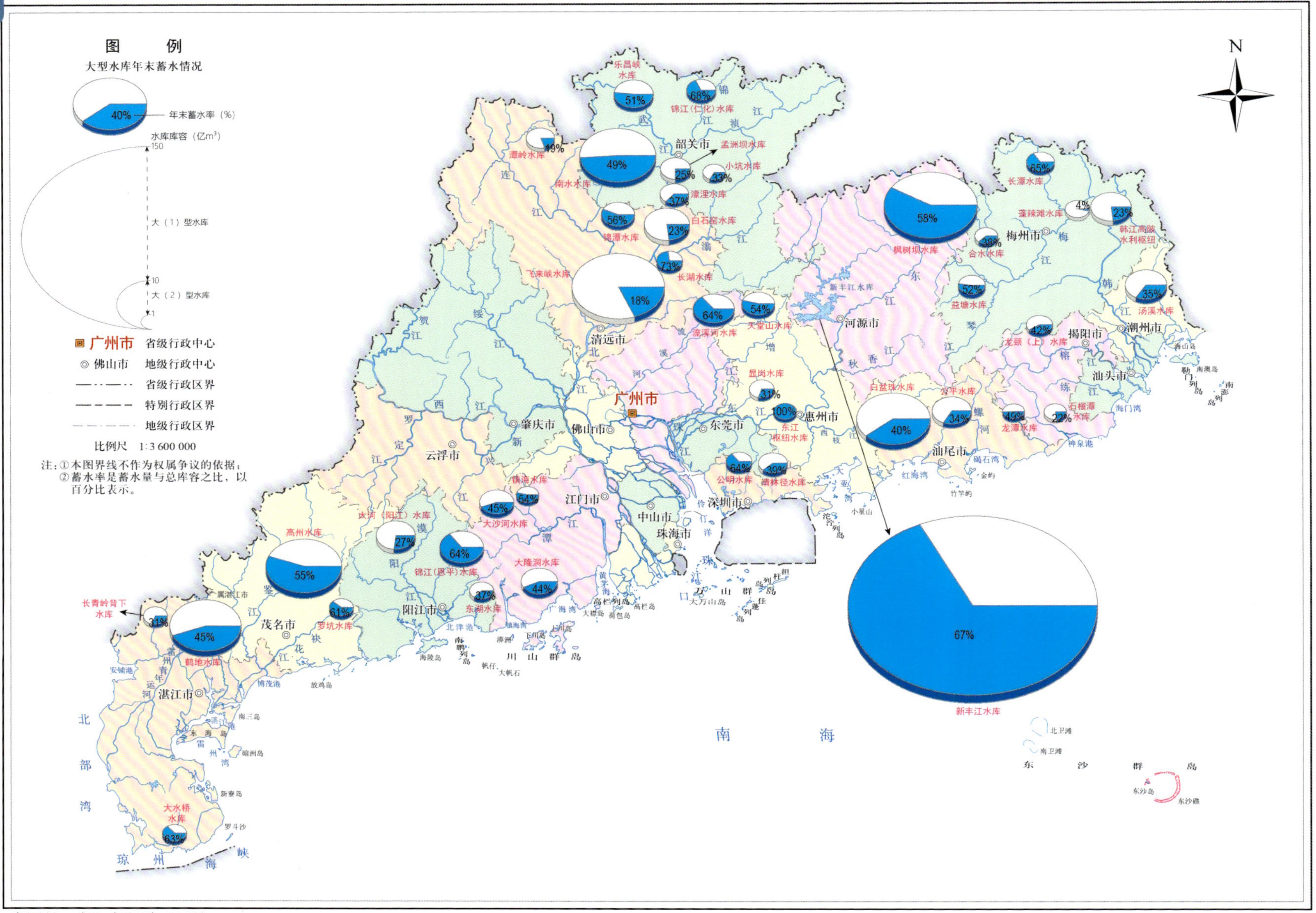

审图号：粤S（2025）016号

图 16　2024 年广东省大型水库年末蓄水量示意图

四、水资源开发利用

（一）供水量

2024 年，广东省供水总量 411.3 亿 m^3（不包括对香港、澳门供水量共 9.3 亿 m^3），占当年水资源总量的 17.5%。其中，地表水源供水量 379.4 亿 m^3，占供水总量的 92.3%；地下水源供水量 5.4 亿 m^3，占供水总量的 1.3%；非常规水源供水量 26.5 亿 m^3，占供水总量的 6.4%。与 2023 年相比，供水总量增加 10.9 亿 m^3，其中，地表水源供水量减少 2.6 亿 m^3，地下水源供水量增加 0.07 亿 m^3，非常规水源供水量增加 13.4 亿 m^3，主要是深圳、东莞、广州、佛山统计的再生水用于人工河湖补水量增加。2024 年广东省供水量组成见图 17。

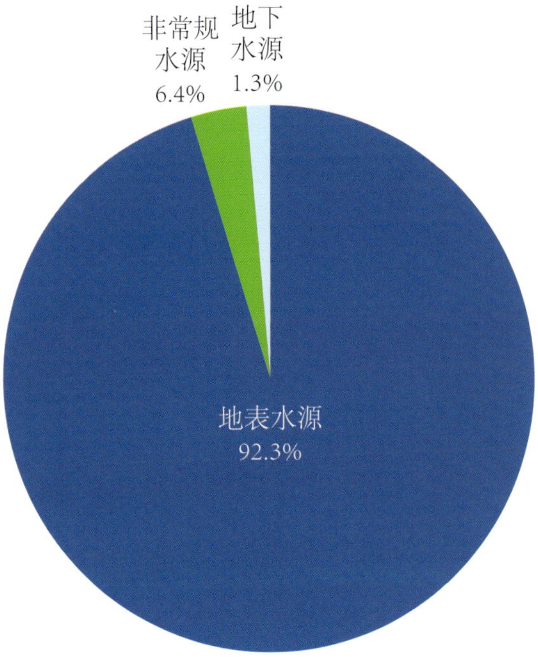

图 17　2024 年广东省供水量组成图

地表水源供水量中，提水工程供水量 148.9 亿 m³，占 39.3%；蓄水工程供水量 128.4 亿 m³，占 33.8%；引水工程供水量 82.2 亿 m³，占 21.7%；跨流域调水量 19.9 亿 m³，占 5.2%。与 2023 年相比，蓄水工程供水量增加 1.7%，引水工程供水量减少 1.5%，提水工程供水量减少 2.4%，跨流域调水量增加 1.0%。2024 年广东省地表水源工程供水比例见图 18。

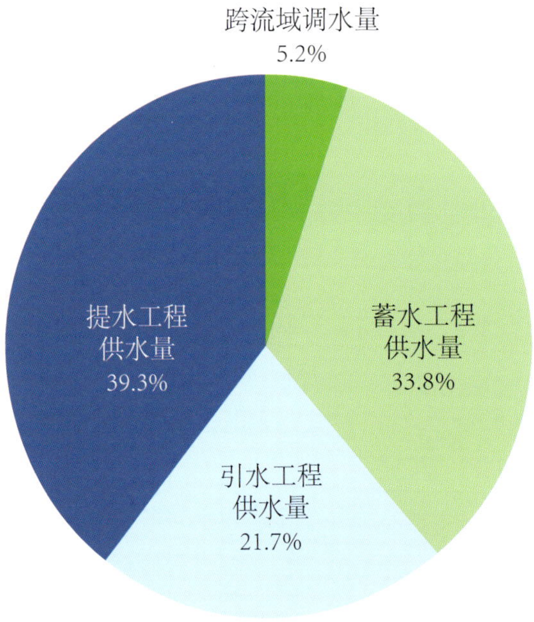

图 18　2024 年广东省地表水源工程供水比例图

地下水源供水量中，浅层地下水占 99.6%，深层地下水占 0.4%。地下水供水量最多的是湛江，占广东省地下水供水量的 67.5%。

非常规水源供水量中，再生水、集蓄雨水、淡化海水、矿坑（井）水、微咸水利用量分别占 94.4%、4.9%、0.7%、0.01%、0.01%。非常规水用于河道内人工生态环境补水量占比 84.4%，主要分布在深圳、广州、东莞、佛山等市。

2024 年，大湾区供水总量 228.5 亿 m³，比 2023 年增加 10.8 亿 m³。其中，地表水源供水量 204.7 亿 m³，占广东省地表水源供水量的 54.0%；地下水源供水量 0.4 亿 m³，占广东省地下水源供水量的 6.9%；非常规水源供水量 23.4 亿 m³，占广东省非常规水源供水量的 88.4%。

2024 年，广东省海水直接利用量 516.3 亿 m³（不计入供用水总量），包括阳江、深圳、江门、湛江、汕头、惠州、汕尾、潮州、揭阳、珠海、广州和中山共 12 个沿海地市的直流火核电冷却用水。

2024 年广东省行政分区供水量见表 6，供水总量与 2023 年比较见图 19；流域分区供水量见表 7，供水总量与 2023 年比较见图 20。

表 6　2024 年广东省行政分区供水量　　单位：亿 m^3

行政分区	地表水源					地下水源	非常规水源	供水总量	海水直接利用量
	蓄水工程供水量	引水工程供水量	提水工程供水量	跨流域调水量	小计				
广州	2.3	6.6	41.1	3.9	54.0	0.113	5.84	59.9	2.0
深圳	2.1	0.2	6.9	11.4	20.6	0.022	8.04	28.7	106.5
珠海	0.5	0.8	4.8	0	6.1	0.003	0.13	6.2	14.0
汕头	3.1	1.6	4.5	0.2	9.4	0.018	0.40	9.8	27.1
佛山	1.5	2.8	24.9	0	29.3	0.003	2.18	31.5	0
韶关	9.7	4.3	2.9	0	16.8	0.256	0.56	17.7	0
河源	7.4	6.4	0.9	0	14.7	0.021	0.03	14.8	0
梅州	11.6	5.1	1.3	0	18.0	0.262	0.19	18.5	0
惠州	9.5	3.3	6.3	1.2	20.4	0.104	0.41	20.9	27.0
汕尾	7.4	1.2	1.0	0	9.6	0.111	0.45	10.2	25.9
东莞	0.4	1.1	16.9	0.6	19.0	0.002	4.19	23.2	0
中山	0.4	3.8	9.4	0	13.7	0.003	0.64	14.3	2.0
江门	12.6	5.0	7.1	0	24.7	0.076	1.68	26.5	97.2
阳江	5.5	3.6	3.3	0	12.4	0.090	0.14	12.7	141.3
湛江	16.1	4.2	1.0	0	21.3	3.613	0.44	25.4	36.7
茂名	11.7	9.4	3.1	1.3	25.4	0.090	0.20	25.7	0
肇庆	7.6	3.9	5.4	0.2	17.0	0.041	0.28	17.4	0
清远	6.3	8.3	2.5	0	17.1	0.113	0.13	17.3	0
潮州	1.2	2.8	2.8	0.2	7.1	0.001	0.40	7.5	19.9
揭阳	6.0	4.1	0.9	0.8	11.8	0.187	0.07	12.0	16.8
云浮	5.5	3.8	1.7	0	11.0	0.222	0.06	11.3	0
全省	128.4	82.2	148.9	19.9	379.4	5.4	26.5	411.3	516.3
其中：大湾区	36.9	27.7	122.9	17.3	204.7	0.4	23.4	228.5	248.7

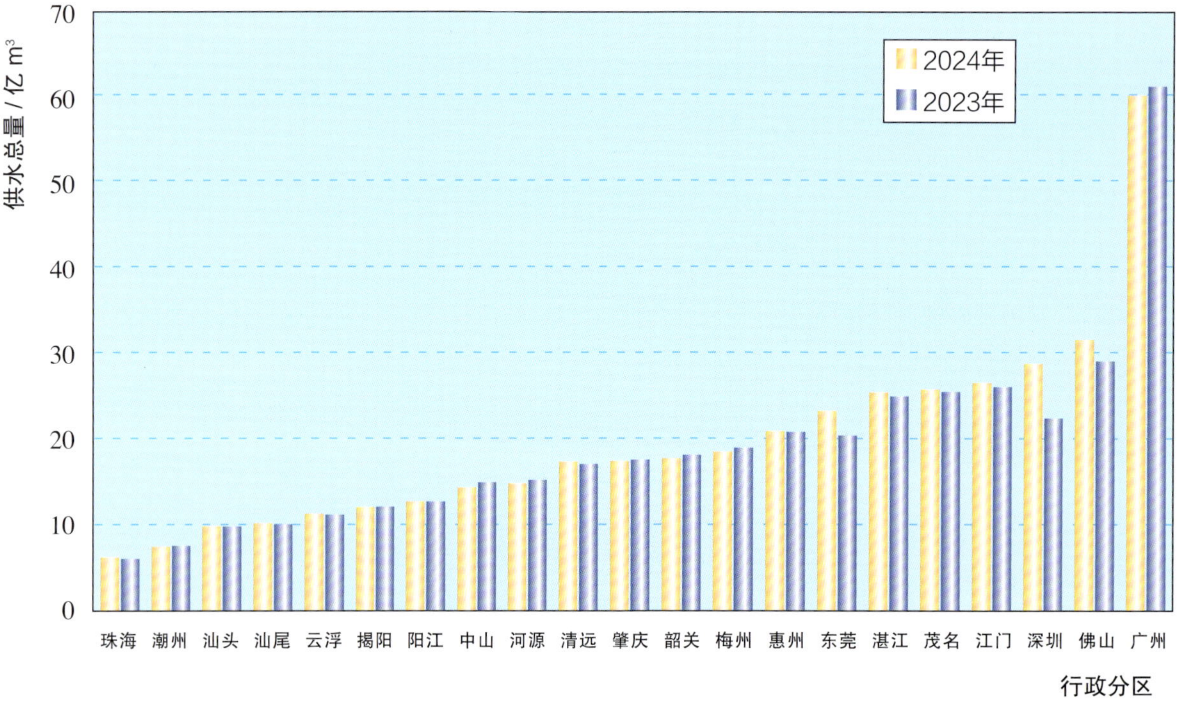

图 19　2024 年广东省行政区供水总量与 2023 年比较图

表 7　2024 年广东省流域分区供水量　　单位：亿 m³

流域分区	地表水源					地下水源	非常规水源	供水总量	海水直接利用量
	蓄水工程供水量	引水工程供水量	提水工程供水量	跨流域调水量	小计				
西江	9.6	7.6	4.9	0	22.1	0.23	0.28	22.6	0
北江	19.6	14.7	7.4	0.16	41.9	0.41	1.2	43.5	0
东江	13.8	8.7	16.9	0	39.4	0.09	3.1	42.6	0
珠江三角洲	17.0	19.9	100.6	15.9	153.5	0.22	19.5	173.2	120.9
韩江	13.2	7.6	7.1	0	27.9	0.23	0.29	28.4	5.1
粤东诸河	17.8	8.2	4.0	2.5	32.5	0.37	1.30	34.2	116.0
粤西诸河	37.4	15.3	8.0	1.3	62.1	3.8	0.82	66.7	274.3
湘江	0.017	0.028	0.015	0	0.06	0	0	0.06	0
赣江	0.037	0.023	0.002	0	0.06	0	0	0.06	0
全省	128.4	82.2	148.9	19.9	379.4	5.4	26.5	411.3	516.3

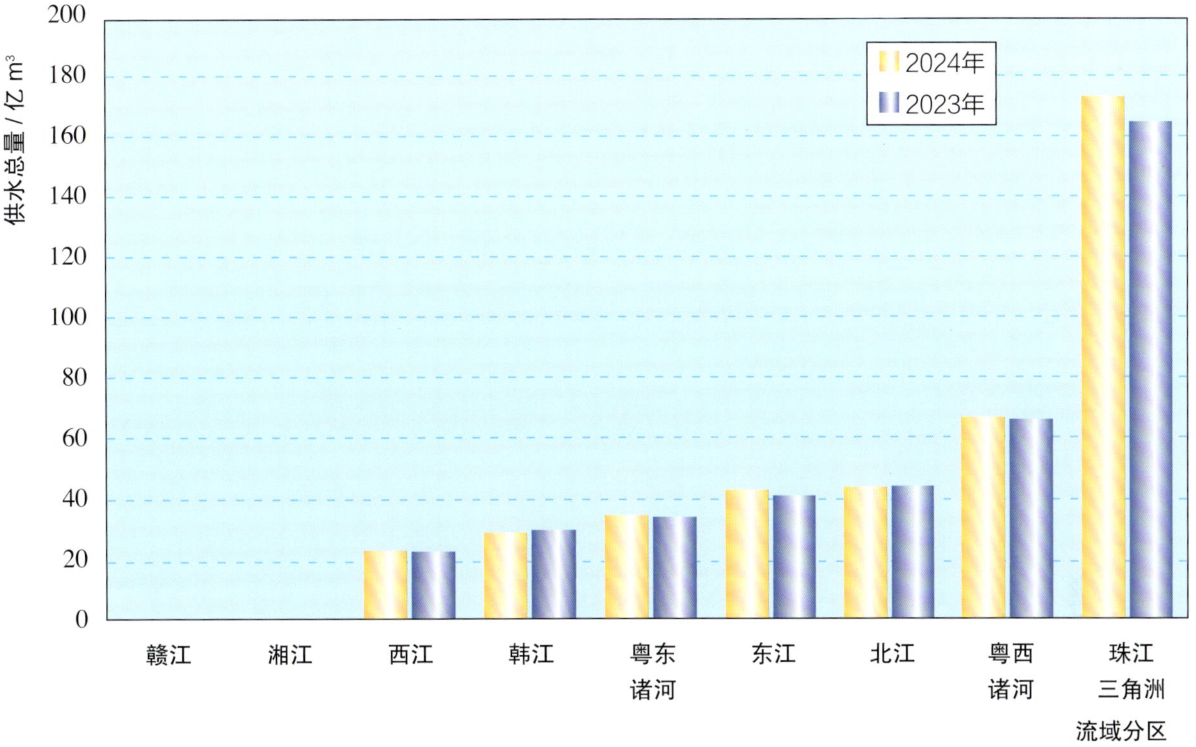

图 20　2024 年广东省流域分区供水总量与 2023 年比较图

（二）用水量

2024 年，广东省用水总量 411.3 亿 m^3。其中，农业用水量 194.8 亿 m^3，占用水总量的 47.4%；工业用水量 73.0 亿 m^3（其中直流火核电冷却用水量 26.3 亿 m^3），占用水总量的 17.7%；生活（包括居民生活和公共设施）用水量 117.1 亿 m^3，占用水总量的 28.5%；人工生态环境补水量 26.4 亿 m^3，占用水总量的 6.4%。按生产（包括农业、工业和公共设施）、生活（指居民生活）、生态划分：生产用水量 306.0 亿 m^3，占用水总量的 74.4%；居民生活用水量 78.9 亿 m^3，占用水总量的 19.2%；人工生态环境补水量 26.4 亿 m^3，占用水总量的 6.4%。在生产用水量中，第一产业用水量占 63.7%，第二产业用水量占 25.7%，第三产业用水量占 10.6%。

与 2023 年相比，广东省用水总量增加 10.9 亿 m^3，增幅 2.7%。其中，农业用水量减少 2.7 亿 m^3，减幅 1.4%；工业用水量减少 0.6 亿 m^3，减幅 0.8%；生活用水量增加 1.3 亿 m^3，增幅 1.1%；人工生态环境补水量增加 12.9 亿 m^3，增幅 96.0%。

由于自然地理条件、经济社会发展水平和产业结构的差异，广东省各地区、流域间用水结构差异较大。从行政分区看，大湾区人口密集，经济总量大，用水总量 228.5 亿 m^3，占广东省用水总量的 55.6%，其中，人工生态环境补水量 24.1 亿 m^3，占广东省人工生态环境补水量的 91.6%；工业用水量 62.0 亿 m^3，占广东省工业用水量的 84.9%；生活用水量 82.5 亿 m^3，占广东省生活用水量的 70.4%；农业用水量 59.9 亿 m^3，占广东省农业用水量的 30.8%。从流域分区看，珠江三角洲农业用水量占本流域用水总量的

19.6%，粤西诸河农业用水量占本流域用水总量的 79.2%；湘江、赣江用水量的 99.8% 为农业生产和农村生活用水。

2024 年广东省行政分区用水量见表 8，用水量组成见图 21；流域分区用水量见表 9，用水量组成见图 22、图 23。

表 8 2024 年广东省行政分区用水量 单位：亿 m^3

行政分区	生产				生活		生态	用水总量
	农业		工业		生活		人工生态环境补水	
		其中：灌溉		其中：直流火核电冷却用水	公共设施	居民生活		
广州	8.6	6.2	21.2	15.5	9.2	14.4	6.53	59.9
深圳	0.6	0.6	4.4	0	6.6	9.0	7.96	28.7
珠海	0.8	0.6	1.8	0	1.6	1.8	0.23	6.2
汕头	3.9	3.5	1.2	0	0.9	3.5	0.26	9.8
佛山	5.5	2.2	13.2	8.1	4.0	6.7	2.06	31.5
韶关	13.4	12.4	1.5	0	0.7	1.9	0.16	17.7
河源	11.8	11.0	0.7	0	0.5	1.7	0.10	14.8
梅州	15.1	13.3	0.7	0	0.5	1.9	0.16	18.5
惠州	11.1	10.1	3.8	0	1.2	4.3	0.48	20.9
汕尾	7.0	6.0	0.4	0	0.4	1.9	0.48	10.2
东莞	1.3	0.9	8.0	0.05	4.0	5.8	4.11	23.2
中山	3.8	1.2	4.5	1.9	1.6	3.7	0.73	14.3
江门	16.4	12.1	3.3	0.8	1.8	3.2	1.75	26.5
阳江	9.8	8.4	0.6	0	0.5	1.7	0.09	12.7
湛江	19.4	18.2	1.4	0	1.0	3.4	0.14	25.4
茂名	20.9	18.1	1.0	0	0.5	3.1	0.19	25.7
肇庆	11.8	10.3	1.8	0	1.0	2.4	0.31	17.4
清远	12.6	11.0	1.1	0	1.0	2.6	0.09	17.3
潮州	4.3	3.6	0.5	0	0.4	1.8	0.43	7.5
揭阳	7.9	6.6	1.1	0	0.3	2.7	0.03	12.0
云浮	8.9	7.8	0.7	0	0.3	1.4	0.07	11.3
全省	194.8	164.3	73.0	26.3	38.2	78.9	26.4	411.3
其中：大湾区	59.9	44.2	62.0	26.3	31.2	51.3	24.1	228.5

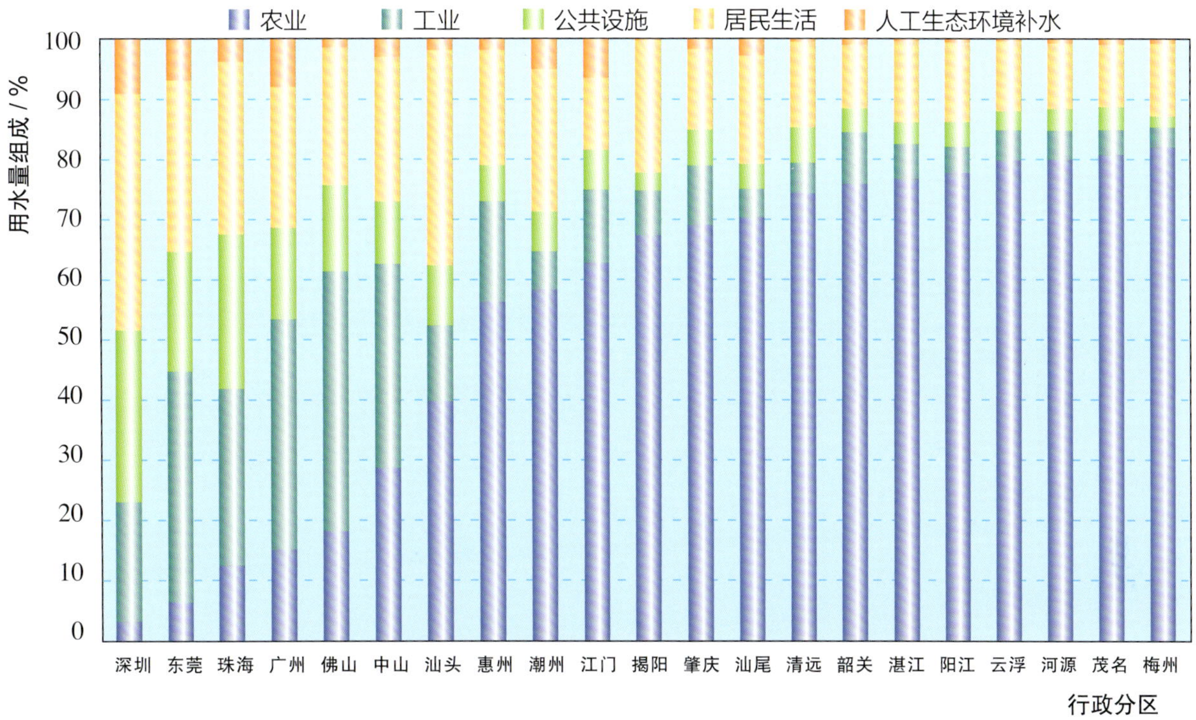

图 21　2024 年广东省行政分区用水量组成图

表 9　2024 年广东省流域分区用水量　　单位：亿 m³

流域分区	生产					生活	生态	用水总量
	农业		工业		生活		人工生态环境补水	
		其中：灌溉		其中：直流火核电冷却用水	公共设施	居民生活		
西江	17.0	14.9	1.4	0	0.94	2.9	0.34	22.6
北江	31.8	28.0	3.9	0	2.0	5.5	0.32	43.5
东江	18.7	17.2	6.5	0	4.7	9.5	3.18	42.6
珠江三角洲	33.9	21.5	52.8	26.3	25.6	40.1	20.70	173.2
韩江	19.6	17.3	1.8	0	1.7	5.0	0.28	28.4
粤东诸河	20.9	18.1	3.3	0	1.3	7.7	1.10	34.2
粤西诸河	52.8	47.1	3.2	0	2.0	8.2	0.44	66.7
湘江	0.058	0.057	0	0	0	0.002	0	0.06
赣江	0.059	0.047	0	0	0	0.002	0	0.06
全省	194.8	164.3	73.0	26.3	38.2	78.9	26.4	411.3

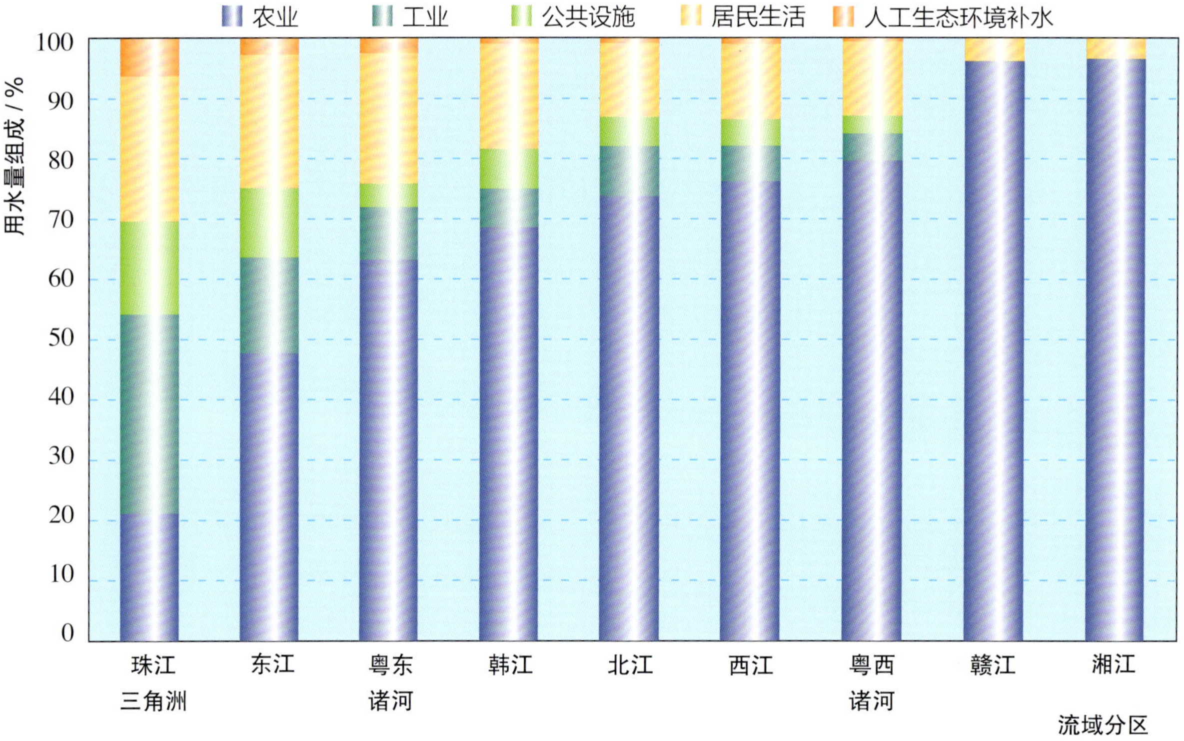

图 22　2024 年广东省流域分区用水量组成图

（三）用水消耗量

2024 年广东省用水消耗总量 157.3 亿 m^3，耗水率 38.3%。其中，农业用水消耗量 104.6 亿 m^3，占用水消耗总量的 66.5%，耗水率 53.7%；生活用水消耗量 34.9 亿 m^3，占用水消耗总量的 22.2%，耗水率 29.8%；工业用水消耗量 13.5 亿 m^3，占用水消耗总量的 8.5%，耗水率 18.4%；人工生态环境补水消耗量 4.4 亿 m^3，占用水消耗总量的 2.8%，耗水率 16.5%。广东省直流火核电冷却用水耗水率 1.5%，用水消耗量 0.40 亿 m^3。大湾区用水消耗量 68.5 亿 m^3，占广东省用水消耗总量的 43.6%，耗水率 30.0%。

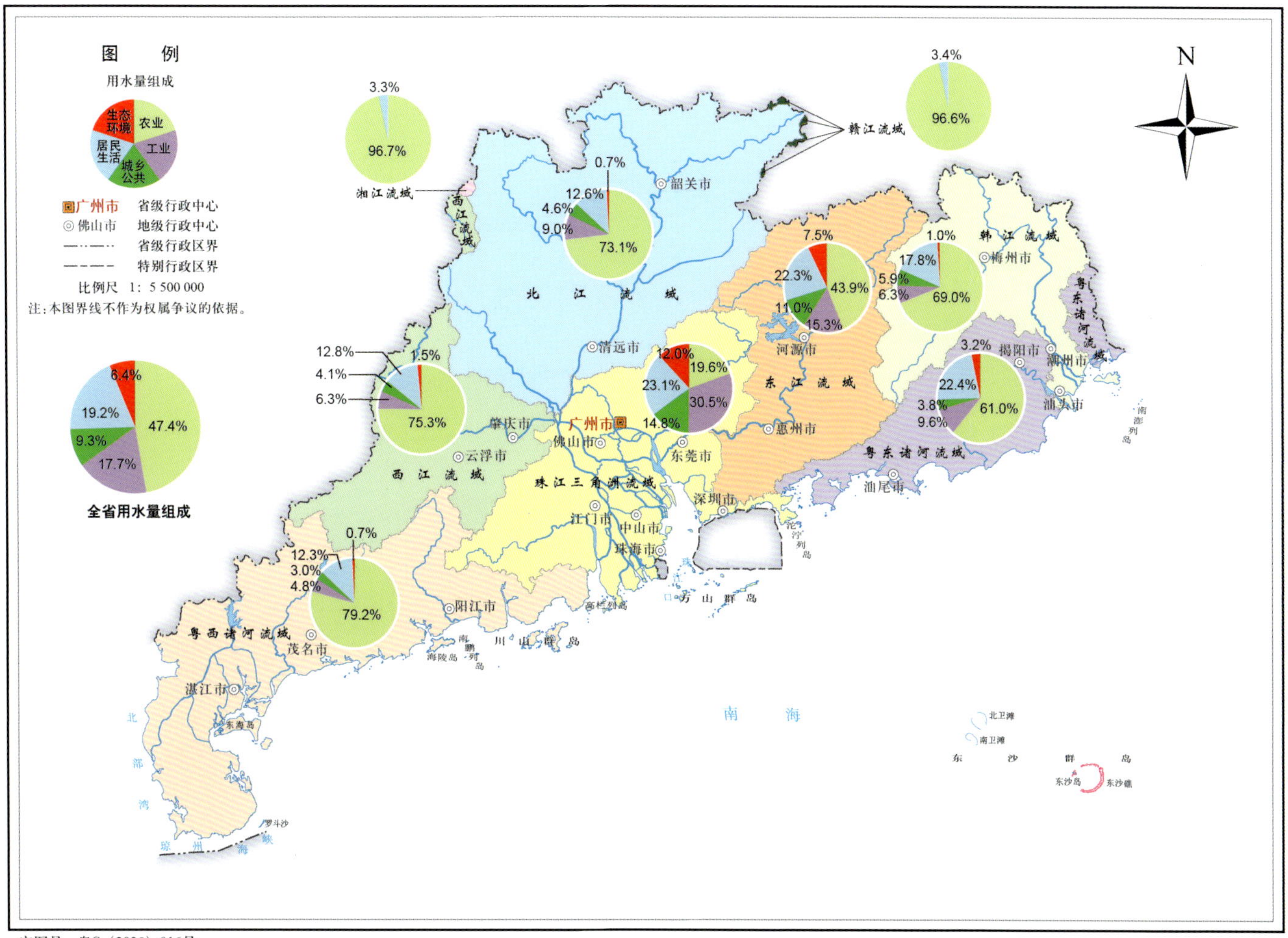

审图号：粤S（2025）016号

图 23　2024 年广东省流域分区用水量组成图

五、用水分析

（一）用水指标

2024 年，广东省人均综合用水量 323m³，万元地区生产总值用水量 29.0m³，万元工业增加值用水量 15.3m³，人均生活用水量 252L/d，人均居民生活用水量 170L/d，耕地实际灌溉亩均用水量 711m³，农田灌溉水有效利用系数 0.538。2024 年广东省行政分区用水指标见表 10，流域分区用水指标见表 11。

（二）流域水资源开发利用程度

2024 年，按多年平均水资源总量统计，广东省水资源开发利用率为 22.8%，其中，东江（含东江三角洲）30.7%，粤西诸河 19.9%，韩江 18.4%，粤东诸河 17.3%，西江 15.5%，北江 9.0%，湘江 6.6%，赣江 3.1%。

（三）水资源利用趋势分析

2010 年以来，广东省用水总量总体呈下降趋势，2024 年用水总量主要因人工河湖生态补水量增加而较 2023 年上升。2024 年与 2010 年比较，用水总量从 469.0 亿 m³ 减少到 411.3 亿 m³，减幅 12.3%。其中，生活用水量从 90.4 亿 m³ 增加到 117.1 亿 m³，增幅 29.6%；人工生态环境补水量从 8.6 亿 m³ 增加到 26.4 亿 m³，增幅 208.2%；工业用水量从 138.8 亿 m³ 减少到 73.0 亿 m³，减幅 47.4%；农业用水量从 231.3 亿 m³ 减少到 194.8 亿 m³，减幅 15.8%。2010—2024 年广东省用水量变化见图 24。

表 10　2024 年广东省行政分区用水指标

行政分区	人均综合用水量 /m^3	万元地区生产总值用水量 /m^3	万元工业增加值用水量 /m^3	耕地实际灌溉亩均用水量 /m^3	人均生活用水量 / (L/d)	
						人均居民生活用水量
广州	317	19.3	32.9	717	342	208
深圳	160	7.8	3.5	608	240	139
珠海	247	13.8	11.2	475	365	195
汕头	177	31.0	11.6	739	220	174
佛山	326	23.6	21.2	567	303	189
韶关	618	107.2	35.4	710	243	181
河源	521	105.0	18.1	739	214	164
梅州	480	122.4	23.4	849	177	138
惠州	342	34.0	13.5	708	248	192
汕尾	378	67.8	13.8	790	233	191
东莞	221	18.9	12.3	588	256	151
中山	319	34.5	23.7	724	326	225
江门	549	62.9	21.5	677	285	184
阳江	483	77.8	11.4	674	228	174
湛江	358	66.1	14.6	601	170	132
茂名	411	63.1	13.4	801	158	137
肇庆	420	59.5	19.0	696	226	159
清远	434	76.8	15.9	630	245	179
潮州	289	53.2	8.8	971	238	193
揭阳	212	47.6	12.3	706	145	130
云浮	470	86.1	24.1	814	192	159
全省	323	29.0	15.3	711	252	170
其中：大湾区	289	19.8	15.3	682	286	178

表 11 2024 年广东省流域分区用水指标

流域分区	人均综合用水量 /m³	万元地区生产总值用水量 /m³	万元工业增加值用水量 /m³	耕地实际灌溉亩均用水量 /m³	人均生活用水量 / (L/d)	
						人均居民生活用水量
西江	462	73.4	19.7	768	211	159
北江	493	76.4	20.1	674	233	171
东江	248	23.0	6.8	715	229	153
珠江三角洲	295	18.6	18.0	679	308	188
韩江	345	61.7	12.8	852	223	168
粤东诸河	258	47.8	12.0	745	185	159
粤西诸河	411	67.0	14.0	679	175	141
湘江	1126	395.8	—	577	102	102
赣江	1055	288.2	—	417	100	100
全省	323	29.0	15.3	711	252	170

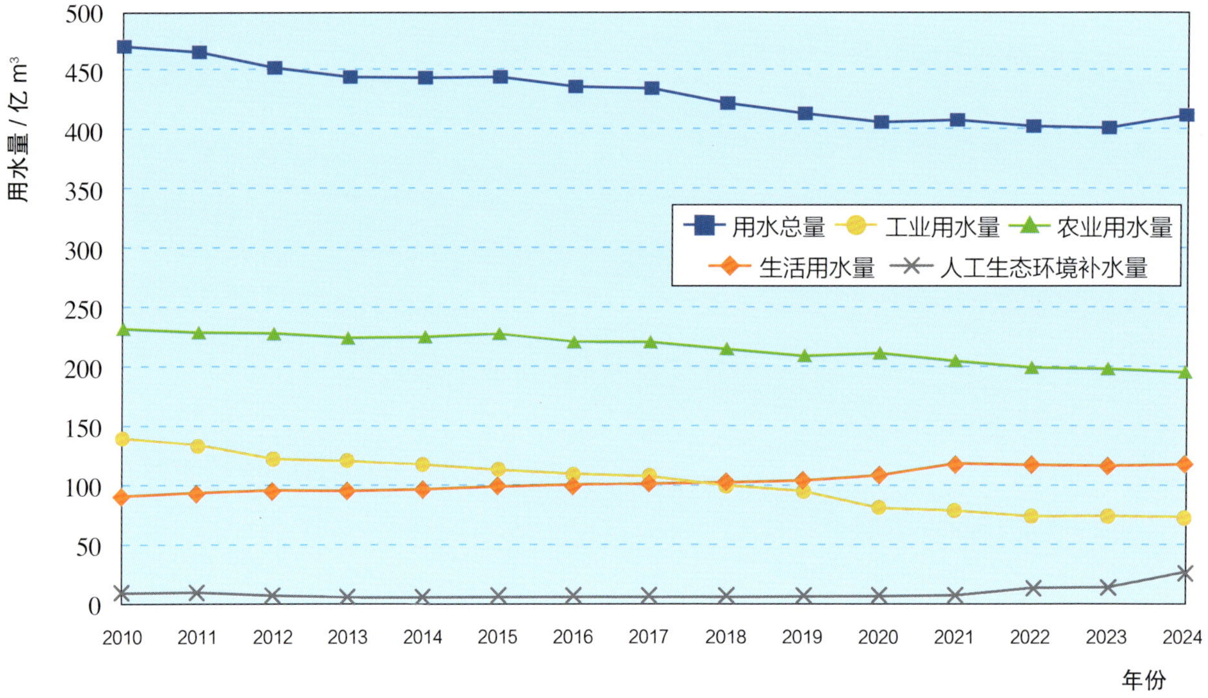

图 24 2010—2024 年广东省用水量变化图

2010 年以来，广东省用水效率明显提高，万元地区生产总值用水量和万元工业增加值用水量均显著下降，人均综合用水量总体下降，耕地实际灌溉亩均用水量稳中有降。2024 年与 2010 年比较，人均综合用水量从 450m³ 下降到 323m³，耕地实际灌溉亩均用水量从 747m³ 下降到 711m³，万元地区生产总值用水量和万元工业增加值用水量分别下降了 63.7% 和 77.0%。2010—2024 年广东省主要用水指标变化见图 25。

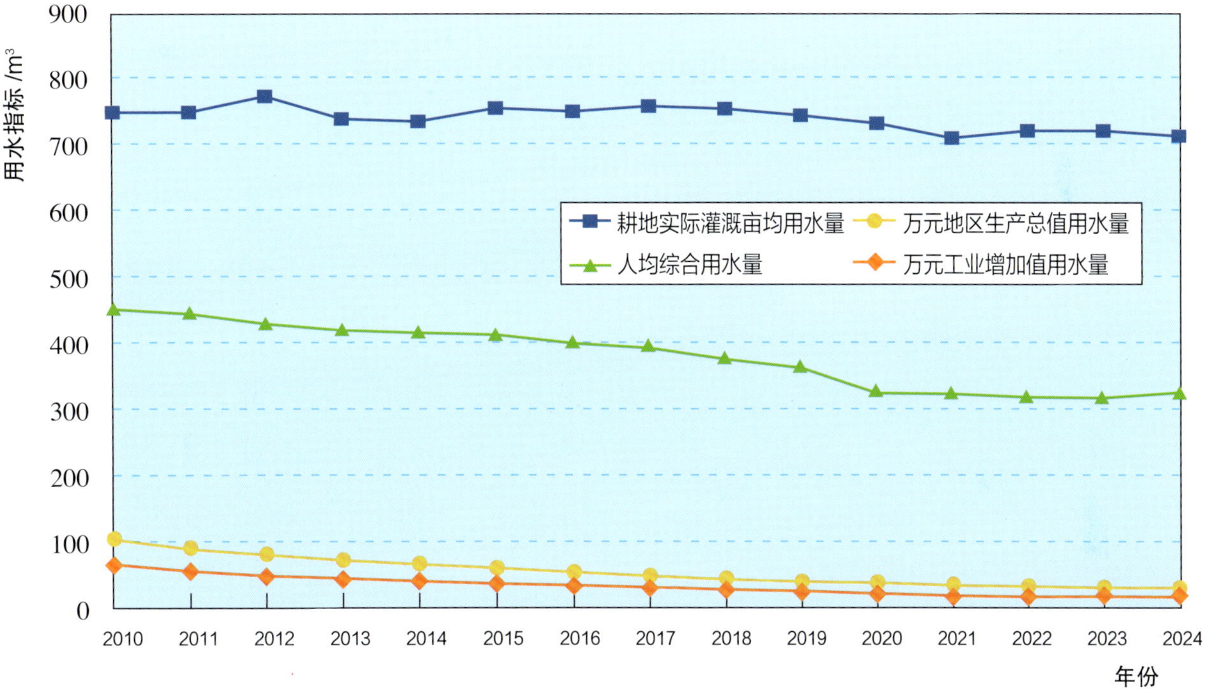

图 25　2010—2024 年广东省主要用水指标变化图

《广东省水资源公报 2024》
编制人员名单

审　定：陈仁著

审　查：廖征红　陈小文　陈　東　洪日生　叶乃虎
赵东华　苏华文

主　编：黄　芳　周　艏　罗　勇　李湘姣　杨　琳
王海丽

成　员：（以姓氏笔画为序）

王　进　王　静　王小军　王智先　元　进
韦艳莎　尹诗婷　冯文星　朱　婷　任晓惠
刘　玥　苏阳悦　李雅容　吴海斌　沈雪娇
张　狄　张　恺　陈梦婷　陈　慈　幸　成
欧正蜂　易淑珍　金凌波　周　洋　郑妙洁
帝华丽　聂红海　贾菁菁　萧雪雯　曹国社
彭　靖　解壮壮